파이팅혼공TV ▶ 무료강의 제공되는

굴착기
굴삭기

운전기능사 필기

빈출문제집 + 스피드요약집

굴착기 기능사 자격증은 국내 중장비 분야 자격증 중 가장 인기있는 자격증으로 활용도와 전문성을 겸비한 국가 기술 자격증입니다. 굴착기는 주로 건설, 조경업계를 비롯 공항, 항만, 고속도로 및 철도 건설 등 대형 인프라 구축 사업에 필수적인 장비로 굴착기 자격증 수요는 앞으로 더욱 증가할 것으로 예상됩니다. 최근에는 귀농, 귀촌 및 전원생활에 활용하거나 혹은 토목, 건축 개발 공사를 셀프로 진행하기 위한 수요 등 직업을 위한 자격증 취득이 아닌 자기개발이나 취미로 활용하는 사례가 증가하고 있고, 퇴직을 앞둔 중장년 층의 인생 2막을 위한 준비로 굴착기 자격증을 취득하는 사례 역시 크게 증가하고 있습니다. 본 교재는 매 회차 시험마다 꾸준히 수많은 합격자를 배출하고 있는 파이팅혼공TV의 검증된 유튜브 강의와 함께 굴착기 기능사 필기시험을 시간낭비 없이 한방에 효율적으로 합격할 수 있는 방법을 전해드리고자 출간하였습니다. 심지어 굴착기 실물을 한번도 보지 않은 분께서도 교재에서 제시하는 대로만 학습하신다면 별로 힘들이지 않고 합격하실 수 있도록 구성하였습니다.

파이팅혼공TV와 함께
『합격의 지름길을 찾아갑시다!』

자격증 초단기 합격 전문 유튜브 채널

유튜브 검색창에 〈굴착기 필기〉 또는 〈파이팅혼공TV〉를 입력하시면
바로 강의와 함께 공부하실 수 있습니다.

〈파이팅혼공TV〉는 기능사 상시시험인 굴착기 기능사, 지게차 기능사, 조리기능사, 제과제빵 기능사 필기를 비롯 전기기능사, 조경기능사, 산림기능사 등 기능사 정기시험 종목들, 그리고 화물운송, 택시, 버스운송자격시험, 보트조종면허, 드론 조종면허에 이르기까지 다양한 자격증의 초단기 합격을 위한 몰입형 학습 컨텐츠 제작에 집중하고 있습니다.

이론적 전문성 보다는 실기 기능에 중점을 둔 자격증의 경우 필기시험 준비를 위해 많은 시간과 돈을 들이는 것은 비효율적입니다. 하지만 이 정도쯤이야 하고 교재를 펼쳤다가 생각보다 전문적인 용어와 내용들에 깜짝 놀라시는 경우가 많습니다.

예전 기출문제에서 순환 출제되는 문제은행식 출제 유형의 시험에서는 이론을 순서대로 이해하며 공부해가는 연구자 모드 공부법보다 핵심내용을 암기팁을 활용하여 정답을 빠르게 찾아내는 쪽집게식 공부법이 효과적입니다. 파이팅혼공TV는 방대한 분량의 기출문제 데이터를 분석하여 출제가 예상되는 핵심내용만 엄선하여 재미있고 효과적인 공부가 될 수 있도록 끊임없이 연구하고 있습니다.

"선생님, 독해가 잘 안돼요." 하고 고민하는 학생에게 독해 지문에 나오는 영어 단어를 물어보면 전혀 단어 암기가 되어있지 않은 경우가 대부분입니다. 독해가 되지 않는다면 일단 단어의 뜻부터 암기해야 하듯이 생소한 분야는 일단 용어의 뜻부터 암기해야 문제가 풀린다는 당연한 사실을 상기해 보면서 여러분을 초단기 합격의 길로 안내하겠습니다.

끝으로 본 교재가 나오기까지 애써주신 권희정 주임님과 홍현애 과장님, 그리고 인성재단 대표님께 진심으로 감사를 전합니다.

파이팅혼공TV
PD 혼공쌤

파이팅혼공TV 혼공쌤의 초단기 합격 Tip

❶ 생소한 명칭 키워드부터 파악하자.

▶ 어디에 붙어있는 물건인고? 평소에 접해보지 않은 건설기계의 생소한 용어와 부품의 용도, 원리를 먼저 간략히 이해합니다. 사실 어려워 보이는 전문용어도 단어의 뜻을 알고 보면 영어를 한글발음으로 옮겨 놓은 것에 불과한 쉬운 내용인 경우가 많습니다.

❷ 〈문제와 답〉 암기만으로도 고득점이 가능

▶ 기능사 시험은 응용력을 테스트하는 시험이 아닌 과년도 기출문제에서 그대로 출제되는 문제은행식 출제방식으로 〈문제와 답〉 암기만으로도 고득점이 가능합니다.

❸ 답을 알아도 암기는 어렵죠?

▶ 유튜브 영상을 통해 몇 번 만 들으면 저절로 암기되는 마성(?)의 암기팁이 대량 녹아있는 스피드 암기노트 시리즈로 배경지식이 전혀 없는 일반인도 초단기 합격이 가능합니다.

❹ 한 문장이 한 문제다.

▶ 철저히 기출되었던 문제 중심으로 집필하여 교재의 한 문장 한 문장이 한 문제와 직결되도록 핵심내용만 요약 정리하였습니다. 굵은 글씨와 색으로 강조된 키워드만 빠르게 여러 번 반복해서 읽어보시는 방법도 추천드립니다.

CONTENTS

❺ 문제에 답이 미리 표시되어 있는 이유!

▶ 우리의 뇌는 문제를 풀 때 내가 찍은 보기가 정답이 되어야하는 로직(logic)를 만들어 머리 속에 각인시킵니다. 그래서 모르는 문제에 많은 시간을 할애하여 나만의 로직을 만들어 풀었는데 틀리게 되면, 한번 틀린 문제는 계속해서 틀리게 됩니다. 오답노트를 만들거나 정답지문의 반복암기를 통해 머리 속에 남아 있는 먼저 입력된 로직을 깨부수지 않고는 쉽게 이러한 선입견이 사라지지 않습니다.

▶ 따라서 처음부터 무작정 문제형식으로 풀어보는 것 보다는 답이 표시되어 있는 문제와 답을 연결시켜 정답과 오답을 분리하여 이해하고 암기하는 것이 굴착기 기능사 시험과 같은 문제의 풀(pool)이 제한되어 있는 문제은행식 시험에 적합한 초단기 합격 비결이라 생각합니다.

❻ 혼자서 책만보지 마세요.

▶ 유튜브 채널 〈파이팅혼공TV〉의 굴착기 영상들을 교재와 같이 보시면 공부속도가 훨씬 빨라집니다. 하루에 4시간정도만 투자하셔서 영상과 함께 공부하신다면 본 교재를 처음부터 끝까지 1회독하시는 효과가 있습니다. 넉넉잡아 3일동안 4시간씩 투자하셔서 3회독 정도하신다면 100% 합격점수 이상 획득하시리라 확신합니다.

굴착기 운전 기능사 응시방법

굴착기 운전 기능사 응시방법

기능사 시험은 상시시험과 정기시험으로 나뉘며 정기시험은 연4회 상시시험은 약 2주 간격 계속 시험일정이 있습니다. 연간 시험일정을 살펴보시고 해당 필기 접수일 10시 큐넷 홈페이지에 접속하셔서 굴착기 기능사를 선택 응시시간과 장소를 정하시고 응시료를 결재하시면 접수가 완료됩니다.

큐넷 홈페이지 : www.q-net.or.kr

 QR코드로 접속

CONTENTS

출제기준표

필기과목명	주요항목	세부항목
굴착기 조종, 점검 및 안전관리	점검	운전 전 후 점검 장비 시운전 작업상황 파악
	주행 및 작업	주행, 작업 전후진 주행장치
	구조 및 기능	일반사항 작업장치 작업용 연결장치 상부회전체 하부회전체
	안전관리	안전보호구 착용 및 안전장치 확인 위험요소 확인 안전운반 작업 장비 안전관리 가스 및 전기 안전관리
	건설기계 관리법 및 도로교통법	건설기계 관리법 도로교통법
	장비구조	엔진구조 전기장치 유압일반

파이팅혼공TV 무료강의 제공되는

굴착기/굴삭기 운전기능사 필기 기출문제집

기출 스피드 문답암기 300제 / 혼공 핵심 요약노트 135 수록

이론정리 — 11

1. 굴착기란? - 굴착기의 종류와 구조 / 작업장치, 상부회전체, 하부구동체 — 12
2. 엔진(기관) — 25
3. 유압장치 — 43
4. 전기장치 — 53
5. 동력전달장치 / 조향장치 / 제동장치 — 63
6. 건설기계 관리법 및 도로교통법 — 75
7. 안전관리 — 98

빈출 모의고사 문답암기 문제형 — 108

빈출 모의고사 문답암기 문제형 1회 — 110
빈출 모의고사 문답암기 문제형 2회 — 125
빈출 모의고사 문답암기 문제형 3회 — 140
빈출 모의고사 문답암기 문제형 4회 — 156
빈출 모의고사 문답암기 문제형 5회 — 171

CONTENTS

기출스피드 문답 암기 300제	186
기출스피드 문답 암기 300제 Part 1	188
기출스피드 문답 암기 300제 Part 2	208
기출스피드 문답 암기 300제 Part 3	225
혼공 핵심 요약노트 135	244

01

굴착기기능사

이론정리

1. 굴착기란?
- 굴착기의 종류와 구조 / 작업장치, 상부회전체, 하부구동체
2. 엔진(기관)
3. 유압장치
4. 전기장치
5. 동력전달장치 / 조향장치 / 제동장치
6. 건설기계 관리법 및 도로교통법
7. 안전관리

1. 굴착기란?

굴착기(掘鑿機 / excavator / 엑스커베이터)

"무한궤도 또는 타이어식으로 굴착장치를 가진 자체중량 1톤 이상의 것"으로 정의
[건설기계관리법 시행령]

굴착기의 종류

수행하는 작업에 따른 종류

> 백호(back hoe), 쇼벨(shovel), 크램쉘(cramshell)
> 브레이커(breaker), 그래플(grapple), 이젝터(ejecter)
> 파일드라이버(pile driver), 어스오거(earth auger), 크러셔(crusher)

- 백호 (back hoe) : 가장 일반적인 형태의 굴착기, 지면보다 낮은 곳 굴착에 적합
- 쇼벨 (shovel) : 삽(셔블 shovel)이라는 명칭처럼 버킷을 백호와 반대방향으로 퍼서 담는 형식으로 굴착, 장비보다 높은 곳 굴착에 적합
  산악지역 암반, 토사의 적재 작업에 적합
- 크램쉘 (cramshell) : 수직으로 굴토하거나 배수구 굴착, 청소 (조개 형태)
- 브레이커 (breaker) : 콘크리트, 암반, 아스팔트 파괴 및 파일 박기 등에 사용
- 그래플 (grapple) : 원기둥 형태의 전신주나 원목을 꽉 쥐어서(그랩) 운반 / 하역
- 이젝터 (ejecter) : 뱉는다는 명칭처럼 점토 등을 밀어내는 이젝터가 버킷에 내장
- 파일드라이버 (pile driver) : 드라이버 형태로 파일을 박는데 적합
- 어스오거 (earth auger) : 나사 송곳 형태로 굴토하는데 적합
- 크러셔 (crusher) : 집게 가위 형태의 크러셔로 건물 철거 해체작업에 적합

백호(back hoe)

셔블 쇼벨

우드 그래플

브레이커

어스 오거

파일 드라이버

크램쉘

이젝터

주행장치에 따른 분류

- **무한궤도식 = 크롤러형(crawler type) 굴착기**
  - 기복이 심한 습지, 모래(사지沙地), 연약지 작업 시 적합
  - 2km이상 이동 시 트레일러에 탑재하여 이동
- **타이어식 = 휠형(wheel type) 굴착기**
  - 기동성이 좋고 변속이 용이, 주행저항이 적어 원거리 자력 이동이 가능
  - 습지, 모래(사지沙地) 위 작업 곤란

굴착기의 구조

굴착기는 **작업장치 / 상부회전체 / 하부주행체(트랙)** 으로 구성되어 있다.

1. Bucket
2. Arm
3. Hydraulic cylinder
4. Boom
5. Cab
6. Engine
7. Counterweight
8. Track Frame

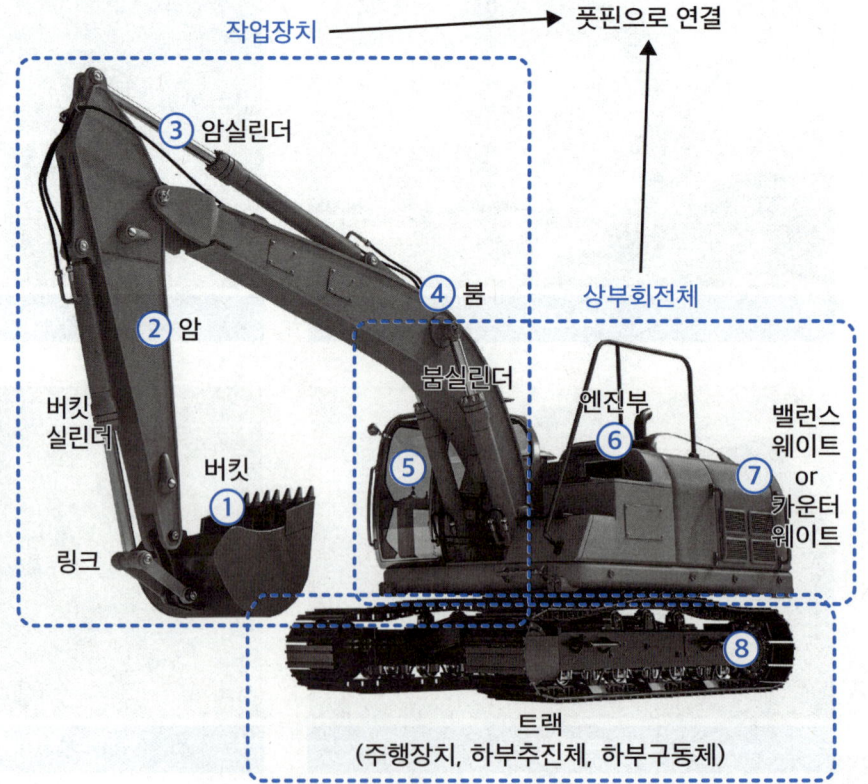

작업장치 [붐 ★ 암 ★ 버킷]

▶ 붐 (Boom)
- 풋핀으로 상부회전체에 연결
- 유압실린더로 상하운동
- 유압실린더 배관 파손, 유압의 내부 누출, 스풀에서의 누출 시 붐의 자연하강량이 많아진다.
- 유압 누설, 유량 부족 시 붐 속도가 느려진다.
- 붐 레버를 계속 당기고 있으면 릴리프밸브와 시트가 손상된다.
- 원피스 붐, 투피스 붐(깊이조절가능), 로터리 붐(회전가능), 오프셋 붐 등이 있다.
- 좁은 도로나 도랑 굴착 시는 오프셋 붐 사용

> ▶ 오프셋 붐 : 좌우 각도 각각 60도까지 상부회전체의 회전없이 붐만 회전 할 수 있다.

▶ 암 (Arm)
- 붐과 버킷을 연결, 유압실린더로 작동
- 붐-암 간 각도는 80~110도 사이에서 굴착력이 최대가 된다.
- 펌프 토출량 부족 시 멈춤현상 발생

▶ 버킷 (Bucket)
- 도랑파기, 굴착, 토사 상차 시 적합 (바가지)
- 굴착기의 규격은 버킷의 1회 산적용량 (단위 : m^3 세제곱미터)으로 표시
- 버킷투스는 마멸방지 용으로 1/3마모 시 교환한다.
- 경사지 조성, 도로, 하천공사와 정지작업에는 슬로프 피니시드 버킷

> ▶ 퀵커플러 (유압식)
> - 버킷의 신속한 분리/결합을 위한 장치
> - 잠금장치 해제 시 경보음 발생
> - 반드시 이중 잠금장치로 설치

▶ **작업장치 [붐 ★암 ★버킷]의 레버 조작법**

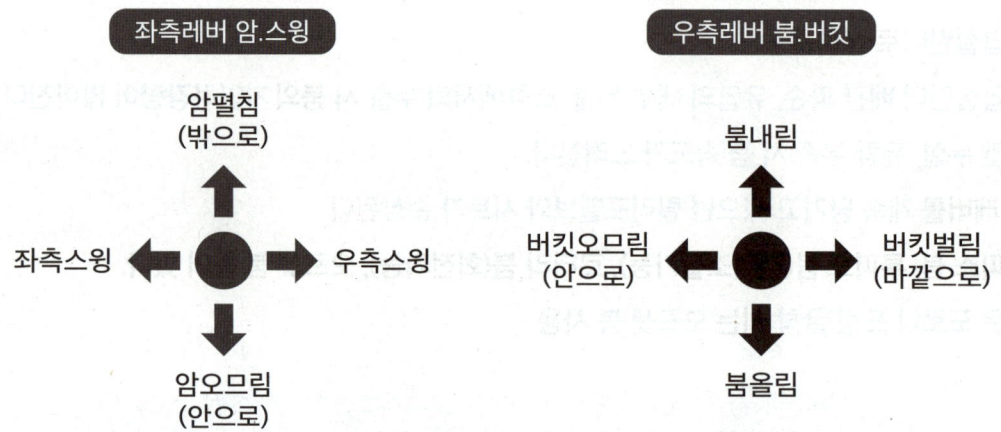

상부회전체

❖ 굴착기의 회전(스윙)은 유압모터로 작동한다. [360도 회전]
❖ 유압 컨트롤 밸브[릴리프밸브]나 스윙모터 손상 시 회전 동작에 지장

- **선회장치** TIP! : 모링볼
  - 스윙모터 [피스톤모터 방식], 피니언, 링기어, 스윙볼레이스로 구성
  - 회전고정장치 : 트레일러로 굴착기를 운반 시 상부와 하부를 고정시켜
    회전하지 않도록 하는 장치로 트레일러에서 하차 시에는 푼다.

- **센터 조인트(Center Joint = 스위블 조인트 Swivel Joint)** ★
  - 상부회전체의 중심부에 설치, 회전 시 오일 관로가 꼬이지 않고,
    유압유를 하부주행체에 원활히 공급하는 역할

- **밸런스 웨이트(=카운터 웨이트)** ★
  - 작업 시 작업장치의 중량으로 인해 굴착기의 뒷부분(엉덩이)이 들리거나
    앞으로 넘어지지 않도록 밸런스를 잡아주는 역할을 한다.

🔲 하부구동체 [출제비중大] ★★★

- 타이어식은 일반 자동차와 유사
- ▶ **무한궤도식 [크롤러형] 하부구동체의 구성요소**
  - 트랙, 트랙프레임, 상부롤러(케리어롤로), 하부롤러(트랙롤러), 아이들러,
    리코일스프링, 균형스프링, 스프로킷, 주행모터로 구성

> **트랙의 구성품 : 트랙 슈, 슈 볼트, 링크, 핀, 부싱, 더스트 실**

> **[빈출유형] 다음 중 무한궤도 굴착기의 하부주행체 구성요소가 아닌 것은?**

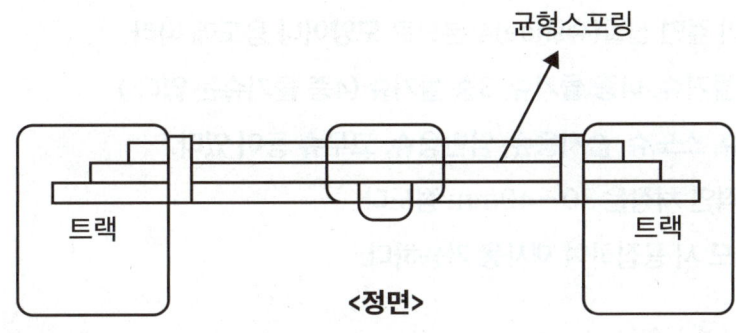

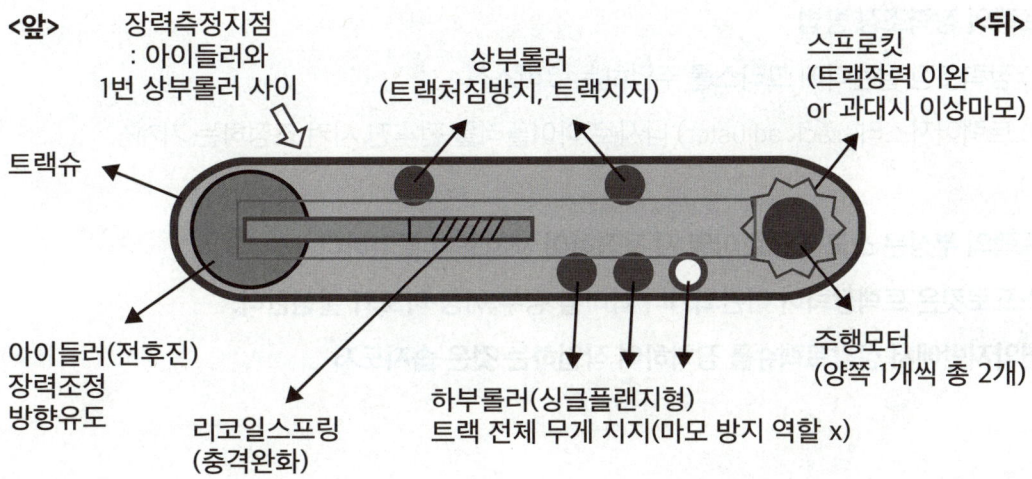

- **상부롤러** : 스프로킷과 아이들러 사이에 위치하여 트랙이 처지는 것을 방지한다.
- **하부롤러** : 트랙 전체 무게를 지지 [트랙 마모방지 역할 (×)]

    하부롤러(트랙롤러) 교환 시에는 트랙을 분리할 필요 없다.

    스프로킷 가까운 쪽 하부롤러는 싱글플랜지 형[한쪽에만 테두리]
- **마스터 핀** : 트랙을 쉽게 분리하는 역할을 한다.
- **스프로킷** : 주행모터에 고정되어 트랙에 동력을 전달하는 톱니바퀴
- **아이들러[유동륜]** : 트랙의 앞부분에서 주행 중 트랙의 장력을 조정하고,

    진행방향을 유도한다. **TIP!** : 아이들러 장빵장빵
- 아이들러와 스프로킷을 일치시키는 장치는 브래킷 옆의 쐐기 <심shim>이다.
- **리코일 스프링** : 트랙 전면으로부터의 충격 완화와 차체 손상 방지 역할
- **균형 스프링** : 판스프링 형태로 요철 및 장애물 통과 시 충격완화 역할

- **트랙슈** : 트랙의 겉면 신발(슈shoe)부분으로 모양이나 용도에 따라

    단일 돌기슈, 이중 돌기슈, 3중 돌기슈 (4중 돌기슈는 없다.)

    평활슈, 스노슈, 습지용슈, 암반용슈, 고무슈 등이 있다.
- 트랙슈의 정상적인 처짐은 30~40mm 정도다.
- 링크와 슈는 마모 시 용접하여 재사용 가능하다.

- 트랙의 장력측정은 아이들러와 1번 상부롤러 사이
- 트랙의 정상 장력은 25mm~30mm 이다.
- 트랙의 장력조정 방법

    ① 장력조정 실린더에 그리스를 주입하는 그리스식

    ② 트랙어저스터(track adjuster) 나사로 아이들러를 전후진 시켜 조정하는 기계식

- 트랙의 부싱은 소모품으로 마멸 시 용접하여 재사용이 불가하다.
- 스프로킷은 트랙장력이 이완되거나 과다할 경우 이상 마모가 발생한다.
- 연약지반에서 삼각트랙슈를 장착하여 작업하는 것은 습지도저

플랜지(flange) : 돌출된 테두리

〈싱글 플랜지형〉

〈더블 플랜지형〉

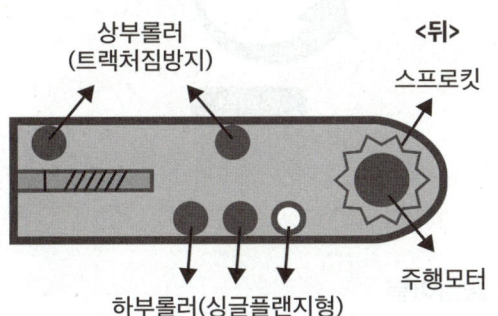

> 스프로킷에 가까운 쪽의 하부롤러는
> 싱글 플랜지 형!!

▪ 무한궤도 굴착기의 주행동력 전달 (유압모터식)

- 동력전달 순서

유압펌프 - 컨트롤밸브 - 센터조인트 - 주행모터 - 트랙

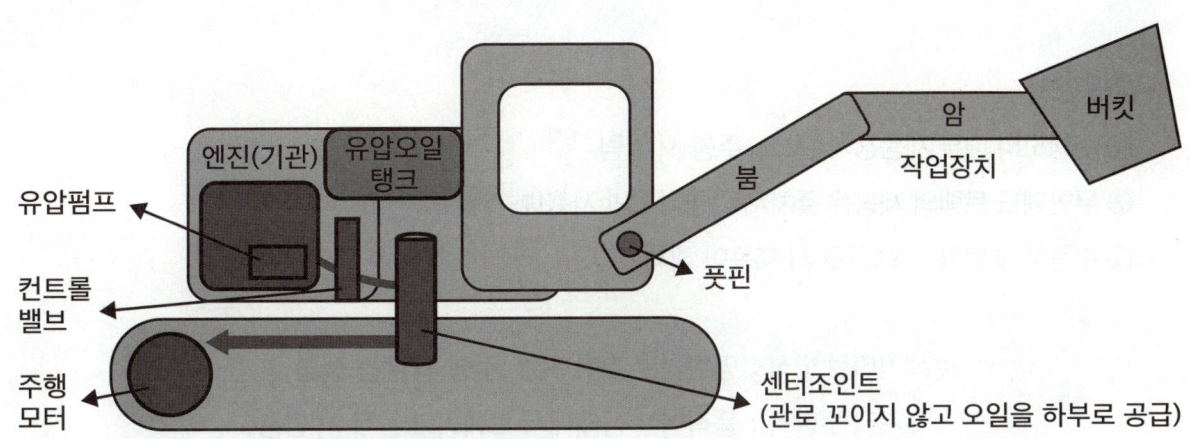

이론정리 19

- **주행모터**
  - 감속기어, 스프로킷, 트랙을 회전시켜 굴착기의 주행동력 및 조향작용을 담당한다.
  - 완만한 회전 시에는 피벗턴, 급회전 시에는 스핀턴

피벗턴

스핀턴

- **트랙이 벗겨지는 원인**
  ① 트랙 유격(이완)이 클 때
  ② 아이들러(유동륜)와 스프로킷 마모 또는 중심이탈
  ③ 고속주행 중 급커브를 도는 경우
  　(최종구동기어 마모 X)

- **무한궤도 굴착기 주행불량원인**
  ① 한쪽 주행모터의 브레이크 작동 불량
  ② 유압펌프의 토출 유량 부족
  ③ 스프로킷 손상

- **제동장치**
  ① 주행모터 내부 제동장치 밸브 - 주행 시 열림
  ② 무한궤도 트랙의 제동은 주차제동 한가지만 사용[네거티브 방식]
  ③ 수동해제 불가, 주행신호 시 제동이 해제된다.

> 네거티브 방식 : 멈춰있는 것이 기본, 주행 시 제동 풀림
> 포지티브 방식 : 움직이는 상태에서 브레이크 동작 시 멈춤

- **트랙장력 과다 시**
  ① 핀 부싱 등 트랙부품 조기 마모
  ② 아이들러, 스프로킷 마모

- **트랙 점검 사항**
  ① 트랙장력을 규정값으로 조정
  ② 스프로킷 마모한계 초과 시 교체
  ③ 리코일 스프링 손상이나 하부롤러의 균열 / 마모 시 교환

▣ 굴착기 작업장치와 관련된 초빈출 문장 ★★★

- 트레일러 상차 시 경사대는 10~15도로 하고
  작업장치가 차량의 뒤쪽으로 오도록 위치시킨다.

- 타이어식 굴착기는 안전을 위해 아웃트리거(outrigger)를 받치고 작업한다.

- 한쪽 트랙을 들 때의 붐과 암의 각도는 90~110도 범위로 한다.

- 주행 시 버킷의 높이는 지면으로부터 30~50cm

- 일반적으로 건설기계 장비 중량에 운전자 무게는 포함되지 않는다.

- 작업장에서 굴착기의 이동 / 선회 시
  가장 먼저 해야 할 것은 경적 울림이다.

- 주행 중 이상한 소음이나 냄새가 난다면
  조치사항은 즉시 정지 후 점검

- 작업 중지 시 파낸 모서리 (구덩이 끝단)에 주정차하는 것은 매우 위험하므로
  장비를 안전한 곳으로 이동 시킨다.

- 주행하면서 굴착하지 않는다.

- 주행 시 가능하면 평탄한 지형을 택하고,
  엔진은 중속, 작업장치(붐암버킷)는 전방을 향한다.

- 습지용 슈 사용 후에는 반드시 주행장치 베어링에 주유를 해야한다.

- 암석, 토사 평탄 작업 시 선회관성을 이용하면 안된다.

- 콘크리트 배관 매설 후에는
  그 위에 토사를 쌓아 파손되지 않도록 조치 후 서행한다.

- 견고한 땅을 굴착 할 때는 버킷투스로 표면을 얇게 여러 번 굴착한다.

- 굴착작업 시 암을 완전히 오므리거나 완전히 펴서 작업하지 않는다.

- 작업 시 실린더 행정의 끝에서 약간의 여유를 남기도록 운전한다.

- 타이어식 굴착기는 평탄지에서 좌우 25도 기울여도 넘어지지 않아야 한다.

- 무거운 물건을 드는 기중작업은 되도록 피한다.

▣ 건설장비 [굴착기] 일반 점검

- 운전 전 점검
    - 엔진오일, 라디에이터 냉각수, 연료수준 점검 및 보충
    - 유압유 탱크 오일량 점검, 브레이크오일, 배터리, 주차브레이크
    - 일상 점검, 장비외관상태 점검
    - V밸트 상태 확인 및 장력부족 시 조정

- 각종 계기판 경고등 램프 작동 상태 점검

- **운전 중 점검**
    - 엔진, 제동장치, 주차브레이크 작동 상태 확인
    - 각종 스위치류, 윈드쉴드, 와이퍼 작동 상태 확인
    - 엔진배기가스 상태확인 및 소음 점검
    - 유압 장치 과열 및 이상 유무 확인
    - 엔진속도, 온도게이지 확인, 잡음상태 확인 (작업속도게이지 X)
    - 트랜스퍼 기어박스 모드 변경 작동 확인

- **운전 후 점검**
    - 평탄지에 주차 / 안전확보
    - 연료탱크에 연료 보충[가득]
    - 볼트, 너트 이완상태 점검
    - 오일 누출 점검
    - 작업장치 각 부분 마모상태 점검
    - 에어탱크 침전물 배출

굴착기의 정기 정비

❖ 주간정비 [작동시간 기준 : 50시간마다]
- 연료탱크 침전물 배출
- 배터리 전해액 점검
- 오일류 점검
- 팬밸트 장력 점검
- 연결부 그리스 도포 / 주입

❖ **분기정비 [작동시간 기준 : 500시간마다]**
- 작동부 오일 점검 / 교환
- 오일 필터 교환
- 라디에이터 / 오일 쿨러 점검
- 브레이크 디스크 마모 체크
- 주 계기판 램프 및 라이트류 점검

❖ **반년정비 [작동시간 기준 : 1000시간마다]**
- 발전기 및 기동전동기 점검
- 어큐뮬레이터(축압기) 압력점검
- 주행감속기오일 교환
- 선회(스윙)기어 케이스 오일 교환
- 유압펌프 오일교환
- 작동유 여과기 교환
- 엔진 밸브 조정, 냉각계통 내부 세척

❖ **연간정비 [매 2000시간]**
  TIP! : 액트 작동 2000!
- **액**슬 케이스 오일 교환
- **트**랜스퍼 케이스 오일 교환
- **작동**유 탱크 오일 교환
- 템덤 구동 케이스 오일 교환
- 유압유 교환 / 냉각수 교환
- 차동장치 오일 교환

2. 엔진(기관)

▣ 디젤기관의 원리

> 엔진 - 연료(경유)를 연소(열발생)시켜 동력(기계에너지)을 얻는다.

- **열에너지를 기계적 에너지로 변환**시켜주는 장치가 바로 **기관(=엔진)**이다!
- **일정한 연료로 큰 출력**을 얻는 것 = "**열효율이 높다**"고 표현
- 굴착기 등 건설기계에 주로 쓰이는
  디젤기관은 **공기의 압축열**을 이용한 **자연 압축착화 방식**
  (가솔린 기관은 전기점화방식)
- **디젤기관에는 분사노즐(인젝터)**이 있고,
  가솔린기관에는 점화플러그가 있다.

▣ 4행정 사이클 순서

> 흡입 - 압축 - 동력(폭발) - 배기
> **TIP!** 흡압똥배~!

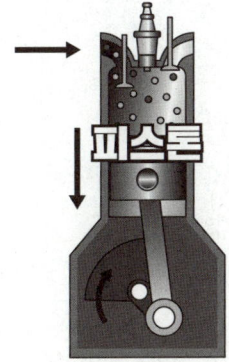
1. Intake

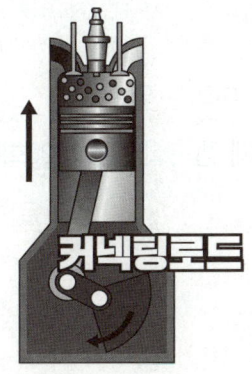
2. Compression

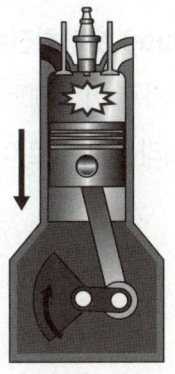
3. Power

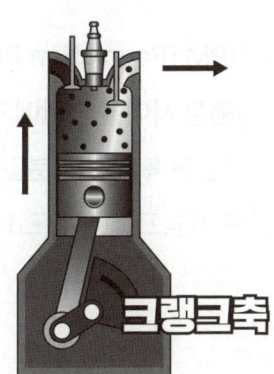
4. Exhaust

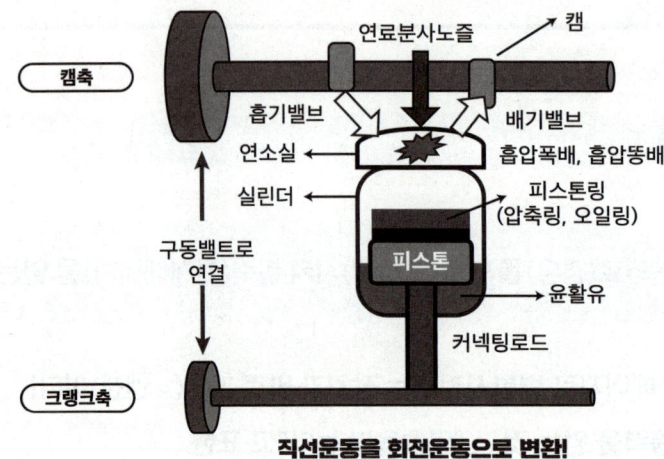

- **크랭크축 2회전 할 때 캠축은 1회전한다**

> 회전비 = 크랭크 2 : 캠 1
>
> 기어지름(직경)비 = 크랭크 1 : 캠 2

- **압축행정 시 기관의 밸브는 어떻게 되는가?**
  흡입 배기밸브 모두 닫힌다.

- **압축행정 말기에 연료분사노즐에서 연료를 분사하여 동력을 얻는 행정은?**
  폭발행정(동력행정)

- **RPM (Revolution Per Minute) 분당회전수**
  4행정 사이클 기관에서 엔진(기관)이 2000rpm이라는 말은
  크랭크축 회전이 분당 2000회라는 뜻으로 이 때 캠축회전은 1000회다.
  (분사펌프 회전수도 1000회)

▣ 실린더

⟨실린더 구성품⟩

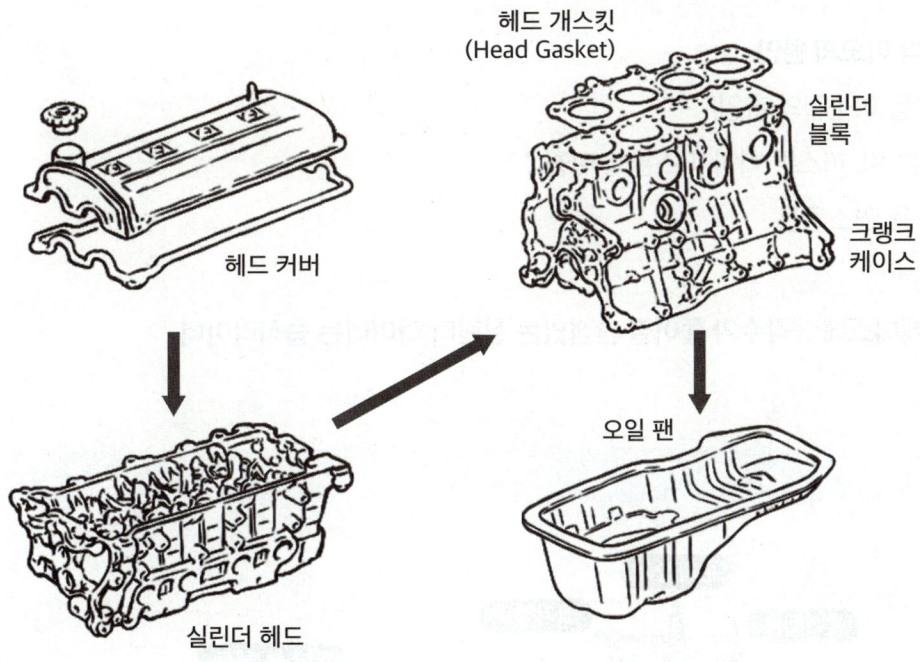

실린더헤드 + 실린더개스킷 + 실린더블럭
(실린더, 크랭크케이스, 물재킷, 크랭크축지지부)

- **실린더 헤드 개스킷** : 냉각수, 압축가스, 오일등이 새지 않도록 **밀봉 역할**.

  헤드 개스킷 손상 시 오일누설, 압력저하로 출력감소

- **실린더 마모가 제일 큰 부분**은 연소실과 가까운 **실린더 윗부분**이다.

- **실린더에 마모**가 생기면?

  ① 압축효율이 저하된다.

  ② 엔진 출력이 저하된다.

  ③ 윤활유가 오염된다.

  But 조속기 작동불량과는 상관없다.

  (조속기 : 분사량조절로 기관속도를 조절하는 장치)

- **배기량이란?**
  각 실린더 행정체적의 합을 총 배기량이라 한다.

- **실린더벽 마모의 원인**
  ① 먼지 등 이물질의 흡입
  ② 피스톤 링, 피스톤 벽과 피스톤의 마찰
  ③ 카본 등 연소물질

- 크랭크케이스에 냉각수가 들어갈 단점있는 실린더 라이너는 **습식라이너**

피스톤

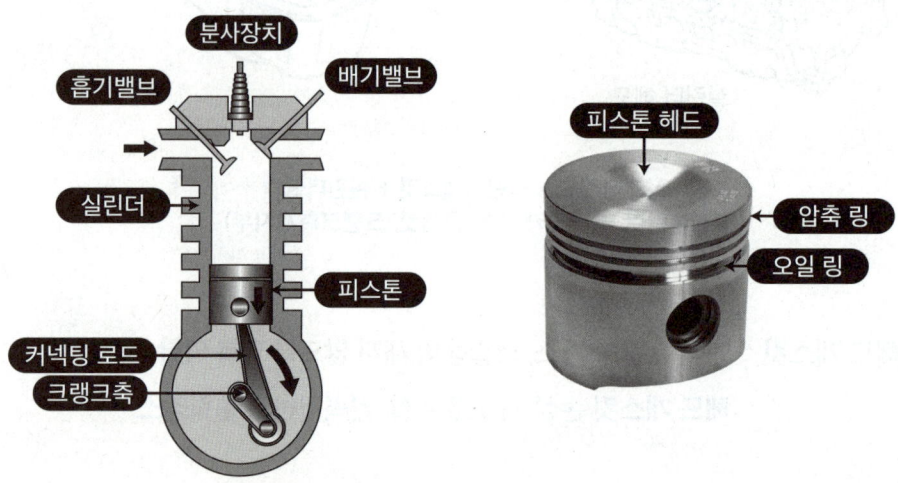

- **피스톤**은 **압축링**과 **오일링**이 결합되어 있고 **커넥팅로드와 연결**되어 폭발행정 시 왕복운동을 통해 크랭크 축을 회전시킨다. 이후 **배기-흡기-압축 행정**에서는 다시 **크랭크축으로부터 동력을 전달받아 작동**한다.

- **피스톤 슬랩이란?**
  피스톤 운동방향이 바뀔 때 실린더 벽에 충격 발생

- **블로바이 현상이란?**

    피스톤과 실린더 사이로 압축, 폭발 가스가 새는 것.

    블로바이 가스는 강한 산성으로 부식을 유발

- **연소실의 조건**

    ① 연소실에는 돌출부가 없어야 하고 표면적은 최소화

    ② 화염 전파시간 짧아야 한다.

    ③ 압축 시 혼합가스의 와류가 잘 되어야 한다.

- **기관에서 엔진오일이 연소실로 올라오는 이유는?**

    피스톤 링 마모 때문

- **엔진 압축압력이 낮다면 그 원인은?**

    실린더벽 마모, 피스톤링 마모

- **피스톤 고착(뻑뻑)원인은?**

    ① 기관 과열

    ② 피스톤과 벽의 유격이 작을 때

    ③ 엔진오일 부족

    ④ 냉각수 부족

- **피스톤 링 압축링(위)+오일링(아래)**

    ① 기밀, 오일제어, 열전도 작용을 하므로 내열성과 내마모성이 커야한다.

    ② 실린더 벽보다는 약한 재질로 제작이 용이해야한다.

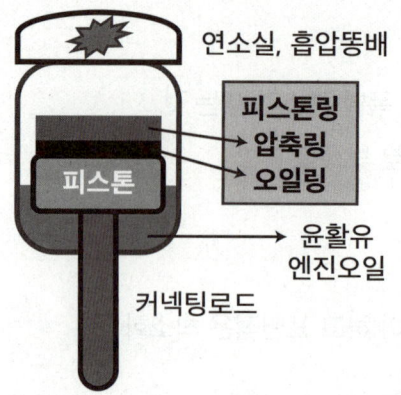

🔲 크랭크축/플라이휠/일상점검

- **크랭크축**
    - 크랭크 축은 크랭크 **암**, 크랭크 **핀**, **저**널로 구성되어 있다.　**TIP! : 암핀저**
    - 캠축과 구동벨트로 연결되어 함께 회전한다. (회전비 크 : 캠 = 2회전 : 1회전)
    - 피스톤의 직선운동을 회전운동으로 바꾸어 플라이휠에 전달한다.
    - 구동밸트의 장력을 자동으로 조정하는 장치는 텐셔너

- **플라이휠**
    - 기관의 맥동적 회전 관성력을 원활한 회전으로 전환시키는 부품
    - 클러치의 압력판이 밀착되어 같이 회전함

- **시동 전 점검사항**
    ① 엔진 팬벨트 장력
    ② 냉각수 및 엔진오일량
    ③ 연료량 및 유압작동유의 양

- **시동 후 공회전 시 점검사항**
    오일 및 냉각수 누출여부, 배기가스 색 확인

- **운전 중 계기판 확인 가능한 사항**
  연료량계이지, 냉각수온도, 충전경고등

- **기관의 고속회전 불량 시**
  ① 연료 압송 불량
  ② 거버너(조속기) 불량
  ③ 분사시기 조정 불량인지 체크한다.

- **시동이 되지 않는 원인**
  ① 연료계통 공기혼입
  ② 연료부족
  ③ 연료공급펌프 불량

- **디젤엔진 출력 저하 원인**
  ① 흡기계통 막힘
  ② 분사시기 지연
  ③ 배기계통 막힘
  But 압력계 작동 이상 (×)

냉각장치 [라디에이터]

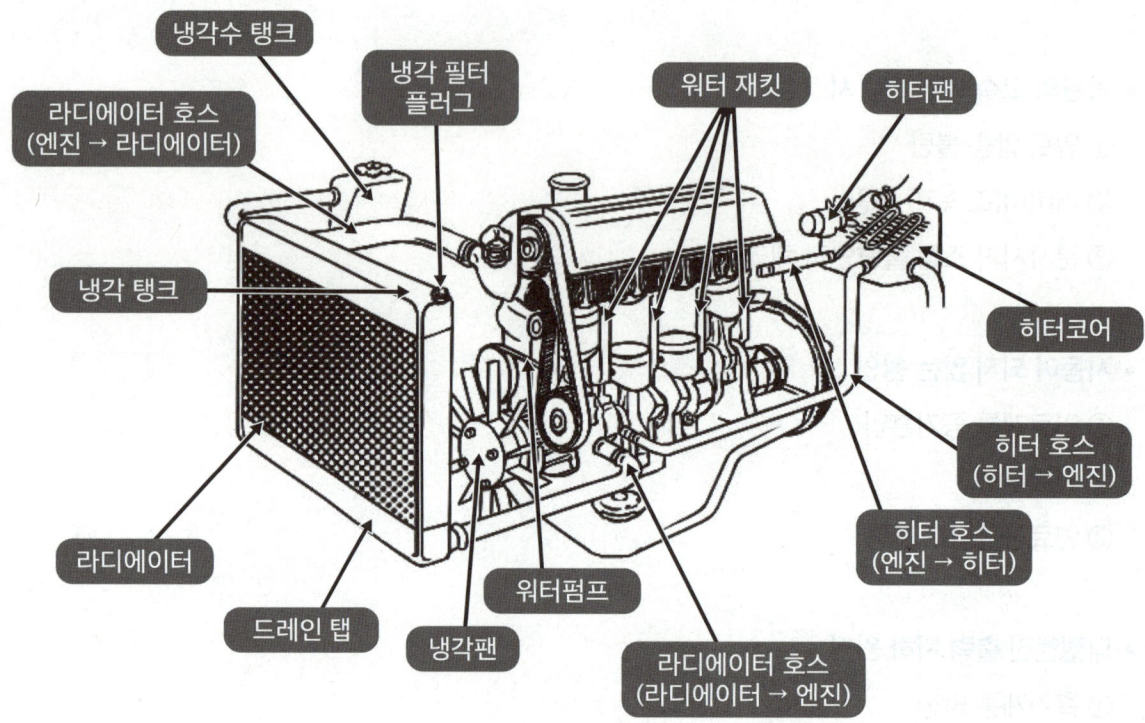

냉각장치 원리

- 실린더에서 뜨거워진 냉각수가 라디에이터(냉각장치)로 이동하여 수관을 타고 흐를 때 외부로부터 유입되는 대기와 열교환이 이루어진다.

냉각장치 종류

- 냉각장치에는 수냉식(냉각수)과 공냉식(냉각팬)이 있다.
- 수냉식 : 강제, 압력, 자연 순환식(강압자)
- 공랭식 : 자연, 강제 통풍식

냉각장치 (라디에이터) 구성품

- 코어, 냉각핀, 냉각수 주입구, 수온조절기, 방열기, 팬과 팬벨트
  (물재킷 (×) - 물재킷은 실린더 구성품)
- 냉각코어는 20% 막히면 교환한다.
- 정상적 냉각수 온도는 75~95도
- 워터펌프 : 냉각된 물을 실린더 물재킷으로 강제 순환시키는 역할을 한다.

서모스탯 (수온조절기)

- 냉각수 온도 일정하게 유지시키는 역할
- 65도~85도에서 열림. 열리는 온도가 낮으면 워밍업시간이 길어진다.
- 열린 채 고장 : 과냉원인 (열리면 냉각수 흐른다 생각하자)
- 닫힌 채 고장 : 과열원인

라디에이터캡 (주입구 마개)

- 압력밸브(비등점올려 오버히트 방지)와 진공밸브(코어파손방지) 설치되어 있다.
- 내부압력 부압(대기압보다 낮은 상태)되면 진공밸브 열린다.
- 실린더헤드 균열이 생기면 기관 작동 중 라디에이터 캡쪽으로 물이 상승하면서 연소가스가 누출된다.

냉각팬

- 자동차 느리게 달릴 때 자연냉각 어려워 냉각팬 작동
- 냉각팬 회전시 공기방향은 방열기 방향 ★
- 전동팬은 냉각수 온도에 따라 모터로 작동(엔진시동과 관계(×))되며
  물펌프는 전동팬 작동과 상관없이 항상 회전한다.

냉각팬밸트

- 냉각팬밸트유격이 너무 크면 냉각효과 떨어져 기관이 과열된다.
- 팬밸트는 눌러서 처짐 정도(13~20mm)로 이상유무를 점검한다.

엔진오일 [엔진 윤활유]

- 기관(엔진)은 엔진오일로 윤활한다.
- 엔진오일의 기능
  ① 마멸 방지
  ② 마찰 감소
  ③ 냉각 기능
  ④ 밀봉 기능
  ⑤ 방청 기능

- 점도 : 오일의 끈적임 정도
  점도 높으면 유동성 저하, 낮으면 유동성 증가
- SAE번호 겨울 10~20, 봄가을 30, 여름 40~50 (번호가 클수록 끈적)
- 겨울철에는 (묽은)낮은 점도의 오일을 사용하고,
  여름철에는 (끈적)높은 점도의 오일을 사용한다.
- 오일점도가 높으면 엔진 압력 높아진다. 너무 높으면 동력손실

엔진오일 출제 포인트

- 좋은 엔진오일[윤활유]은?
  ① 온도변화에 안정적이고
  ② 인화점 높고
  ③ 응고점 낮아야 좋다.

- 엔진오일 점검

엔진오일 확인은 **평탄지**에서 **엔진정지 5~10분경과 후 점검**한다.

- **오일게이지**는 상한선(Full)과 하한선(Low) 사이에서 **Full에 가까우면 좋다.**
- 점도, 제작사 다른 **두 오일 혼합 사용하지 않는다.**

- 사용중인 엔진오일 점검 시 **오일량이 처음보다 증가했다면 원인은 냉각수 혼입** ★

- 엔진오일 점검 시 색상
  ① 검정 (오염되었다) ★
  ② 적색 (가솔린 혼입)
  ③ 우유색 (냉각수 혼입) ★

- 엔진오일 여과기
  ① 오일 여과방식으로는 **분류식(일부여과), 전류식(전부여과), 샨트식(혼합식)**이 있다.
  ② 오일 여과기가 **막히면 유압이 높아진다.**
  ③ 여과기 성능이 떨어지면 **부품 마모가 빠르다.**
  ④ 엔진오일 여과기 막히는 것 대비하여 **바이패스 밸브를 설치한다.**

- **오일펌프의 유압조절밸브**를 조이면 **유압이 상승**하고 풀어주면 **유압이 낮아진다.**
- 윤활방식 중 **오일펌프로 급유**하는 방식은 **압송식**
  　　　　　　주걱모양 디퍼로 공급하는 방식은 **비산식**

- 엔진오일 압력경고등이 점등되었다면?
  ① 오일이 **부족**하거나
  ② 오일필터 **막혔**거나
  ③ 오일회로 막혔을 때 켜진다.
  　(but 엔진 급가속 시 점등 (×))

🔹 연료와 연소계통 [중요] ★★

- **경유의 중요성질은 세탄가, 착화성, 비중**
  (옥탄가X : 옥탄가는 경유가 아니라 가솔린의 점화성을 나타낸다.)

- **겨울철 연료 가득 채우는 이유**는 공기 중 **수분 응축으로 물이 생기기 때문**
- **흡입공기 압축 시 온도**는 **500~550도**
- 디젤엔진 연소실에서 연료는 연료분사노즐로 **안개처럼(무화되어) 분사된다.**

- **연료분사펌프**
  연료 압력 높이는 **조속기와 분사시기 조절 장치**가 설치 되어 있는 것은 **연료 분사펌프다.**
  분사펌프의 플런저와 배럴 사이는 경유(연료)로 윤활한다.

- **분사시기와 분사량 조절**
  ① 디젤기관의 **타이머** 역할은 연료 **분사시기 조절**
  ② **조속기**[거버너governor]의 역할 연료 **분사량을 조절**
  ③ **디젤엔진 연료 분사량 조정**은 컨트롤 슬리브와 피니언의 위치관계를 **변화**시켜 조정한다.

- **디젤기관 부조 발생원인**
  ① 거버너 (조속기) 불량
  ② 연료 압송불량
  ③ 분사시기 조정불량
  ④ 연료라인에 공기혼입 시
  ⑤ 인젝터 [분사노즐] 간 연료 분사량 일정하지 않으면
     연소 폭발음 차이가 나고 기관부조 발생한다.
     (but 발전기 고장은 엔진부조의 원인 아니다)

- **엔진부조 발생 시 연료계통을 점검**한다.
- **실화(Miss Fire)가 일어나면 엔진회전이 불량**해진다.
- **디젤기관의 노크(노킹) 발생 방지방법**은 **압축비를 높이는 것**

- **드럼통으로 연료 운반 시 불순물 침전 후 침전물 혼합되지 않도록 주입**

- **연료분사 3대요소**
  ① 무화 (안개처럼 연료방울을 미세하게 쪼개어 뿌려준다)
  ② 관통력
  ③ 분포 (발화X)

- **연료순환 순서**
  연료탱크에서 분사노즐까지 연료순환 순서는

  > **연료탱크 - 연료공급펌프 - 연료필터 - 분사펌프 - 분사노즐**

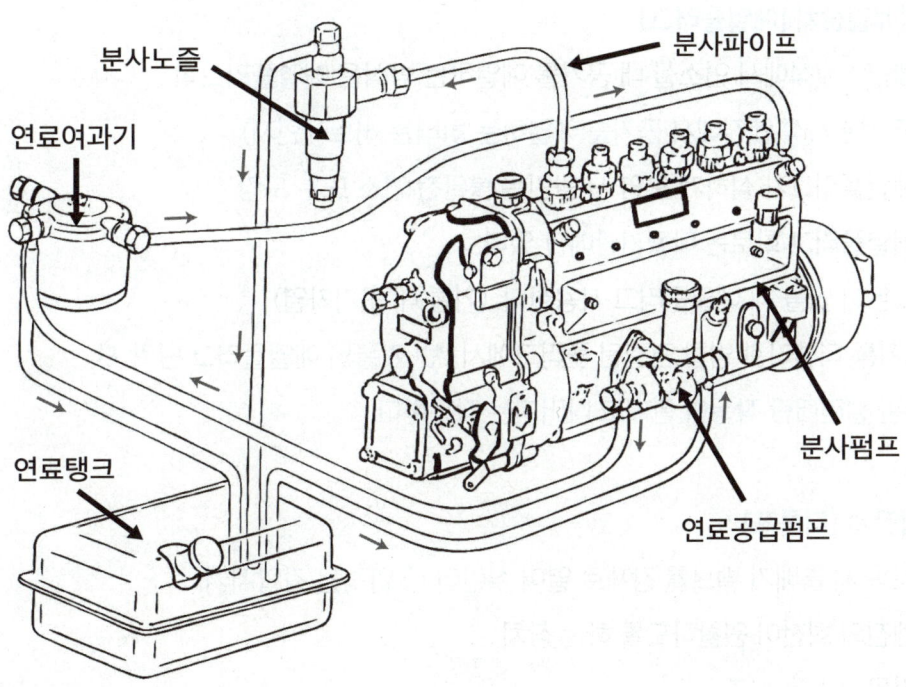

- **연료계통의 공기배출작업**
  연료만 배출되면 작동하고 있던 프라이밍펌프를 누른 상태로 벤트플러그를 막는다.
  연료필터의 공기배출을 위한 장치는 벤트플러그

- **기관의 출력저하 원인은**

    ① 연료분사량이 적을 때

    ② 노킹이 일어날 때

    ③ 실린더 내 압축압력이 낮을 때

    (but 기관오일 교환했을 때 (×))

시동보조장치 - [공감히트]

공기예열장치 / 감압장치 / 히트레인지

- **공기예열장치, 감압장치, 히트레인지는 시동을 돕기 위해 설치된 부품**

- **공기예열장치 [예열플러그]**

    ① 예연소실식에서 연소실 내 공기를 예열하는 방식은 예열플러그식

    (직접분사식 엔진에서 공기를 예열하는 히터는 히트레인지)

    ② 예열플러그가 심하게 오염 시 원인은 불완전 연소 또는 노킹

    ③ 예열플러그 회로는 디젤기관에만 있다.

    ④ 기온이 낮을 때 예열플러그 사용한다. (기통 내 공기가열)

    ⑤ 6기통 디젤기관 병렬 연결된 플러그에서 2번 기통의 예열플러그 단락 시 2번 실린더만 작동이 안되고 나머지는 작동한다.

- **감압장치 [디콤프]**

    ① 시동 시 흡배기 밸브를 강제로 열어 실린더 내 압력을 감압시켜 엔진의 회전이 원활하도록 하는 장치

    ② 겨울철 시동 보조

    ③ 기동전동기 무리 예방 기능

- **히트레인지**

  직접분사식 디젤엔진에서는 예열플러그를 설치할 공간이 없기 때문에 흡기 매니폴드(흡기다기관) 쪽에 설치되어 공기를 예열, 시동을 돕는다.

터보차져 [과급기]

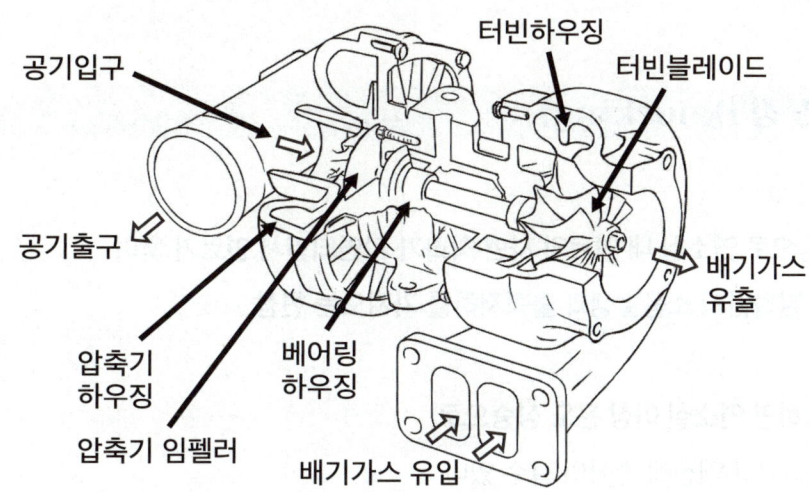

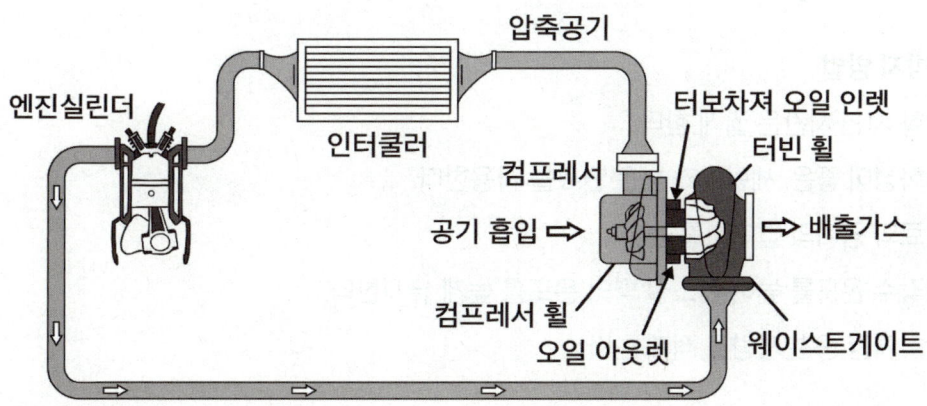

❖ 터보차져 [과급기]는
- 고압으로 배출되는 배기가스를 그대로 흘려 보내지 않고 터보차져의 터빈을 돌리는데 이용함으로써 임펠러와 디퓨저를 통해 더 많은 압축 공기를 강제로 흡기 쪽으로 공급할 수 있도록하는 장치

- 터보차저의 가장 큰 기능은 공기압축공급 (출력증대)이다.
- 터보차저는 흡기관과 배기관 사이에 위치한다.
- 디퓨저는 과급기 내부에서 공기 속도에너지를 압력에너지로 바꾼다.
  - TIP! : 속압디퓨저
- 터보차저(과급기)에서 터빈 축의 베어링에는 기관오일(엔진오일)을 급유한다.
  (터보차저는 배기가스배출을 위한 일종의 블로워다 (×))

디젤엔진 노킹 (knocking)

❖ 노킹현상은
- 기관 과냉 등으로 연소실 내 연료의 자연 착화가 지연되면서 연료가 쌓여 한꺼번에 폭발하면서 소음발생과 출력저하를 가져오는 현상

- 노킹이 발생하면 연소실 이상 온도 상승으로
  - 기관이 과열되고 엔진에 손상이 갈수 있다.
  - 기관의 출력과 흡기 효율은 저하된다.

- 노킹방지 방법
  ① 착화 지연 시간은 짧게 한다.
  ② 착화성이 좋은, 세탄가가 높은 연료를 사용한다.
  ③ 연료와 공기의 압축비를 높인다.
  ④ 냉각수 온도를 높여 연소실 벽의 온도를 높게 유지한다.
  ⑤ 착화기간 중 분사량을 적게 한다.

- 노킹발생 주요 원인
  ① 연소실 내 누적된 연료가 많아 일시에 연소하게 되면 노킹이 발생한다.
  ② 연료 분사압력이 낮다.
  ③ 연소실 온도가 낮다.
  ④ 착화 지연 시간이 길다.

⑤ 분무상태 불량, 착화기간 중 분무량 많다.
⑥ 기관이 과냉되었다.
　　(but 세탄가 높다, 고세탄가다 (×))

연소실

직접분사식은 흡기가열식 예열장치를 사용한다. (흡기히터와 히트레인지)

- **직접분사식 연소실의 특징**
  ① 실린더헤드 구조가 간단하다.
  ② 열효율이 높고 열손실이 적다.
  ③ 연료의 분사압력이 높다.
  ④ 펌프와 노즐의 수명이 짧다.

- **예연소실식, 와류실식, 공기실식**은
  보조연소실이 있기 때문에 예열플러그가 필요함.

- **예연소실식 연소실**
  ① 예열플러그가 필요하다.
  ② 분사압력 낮다.
  ③ 예연소실이 주연소실보다 작다.
  　　(but 사용연료 변화에 민감하다 (×))

배출가스

- **국내에서 디젤기관에 규제하는 배출가스는 매연이다.**
- **유해가스는 일산화탄소(CO), 탄화수소(HC), 질소산화물(NOx)**
- **질소산화물 NOx는 높은 연소 온도때문에 발생한다.**
  - 따라서 연소온도를 낮추지 않으면 감소시킬 수 없다.
  - 연료 분사시기를 늦추고 공기와류가 잘 되도록 해서 연소 온도를 낮춘다.

- **배출가스의 색이 회백색**이면 **윤활유가 연소**되고 있는 것이다.
    - 따라서 피스톤링, 실린더벽의 마모, 피스톤과 실린더의 간극을 점검한다.

- **배출가스는 무색이 정상이다.**
- **배출가스의 색이 검은색**이면?
    - 농후한 혼합비 또는 공기청정기가 막혔을 가능성이 크므로
    - 공기청정기 점검, 분사시기 점검, 분사펌프를 점검한다.

- **공기청정기[에어클리너]**
  공기를 실린더로 흡입할 때 먼지 등 불순물을 여과하는 것은 에어클리너.

- **블로바이 가스**
  ① 블로바이 가스는 피스톤과 실린더 간격이 클 때 압축행정 시
     대기로 새어나오는 가스로 오일에 슬러지를 형성한다.
  ② 블로바이 가스를 방지하려면 크랭크케이스를 환기해야 한다.
  ③ 블로바이 가스는 기관의 출력 저하와 오일의 희석을 야기한다.

- **블로우 다운이란?**
  폭발행정의 끝 부분에 실린더 내 압력에 의해 배기가스가 배기밸브를 통해 배출되는 현상을 말한다.

- **배기상태가 불량**하여 **배압이 높으면**
    ① 기관과열 ② 출력감소 ③ 피스톤운동방해
    (But 냉각수 온도 내려간다 (×))

3. 유압장치

▣ 유압이란?

- 유압 = 단위 단면적에 가해지는 힘의 세기 (kgf/cm^2)
- 압력단위 : Pa, kPa, psi(평방인치당파운드)
  mmHg(수은주 밀리미터), bar, atm
- 유량 = 단위시간에 이동하는 유체의 체적

▣ 파스칼원리

- 유체의 압력은 직각으로 동일한 압력이 작용한다.
- 밀폐용기 안의 액체 일부에 가해진 압력은 각 부분에 동시에 같은 크기로 전달된다.

▣ 유압유의 점도

- **점도가 낮을 때**
  ① 유압 떨어짐
  ② 오일 누설
  ③ 펌프효율 저하

- **점도가 높을 때**
  ① 유압 상승
  ② 온도 상승
  ③ 마찰손실로 동력손실 발생

공동현상 (캐비테이션) 현상

(물 속에서 프로펠러가 빨리 돌 때를 상상해 보자 - 기포와 소음발생)

- **캐비테이션 현상 발생 요인**
  ① 오일내 용해된 공기가 기포로 발생
  ② 국부적 압력 상승과 소음진동 발생
  ③ 필터가 너무 촘촘할 때 발생

유압장치

- **유압장치의 구성** : 유압발생장치, 유압구동장치, 유압제어장치로 구성

- **유압장치의 장점**
  ① 에너지 손실이 적다.
  ② 작은 동력으로 큰 힘을 내며 속도제어가 쉽다.
  ③ 조작이 간단하며 힘의 증폭이 가능하다.
  ④ 신속한 응답성과 정확한 위치제어
  ⑤ 무단 변속과 자동제어가 가능하다.

- **유압장치의 단점**
  ① 화재의 위험이 있다.
  ② 고압 위험성
  ③ 이물질이나 공기 혼입에 취약하다.
  ④ 연결부위의 누출
  ⑤ 온도에 따른 점도변화
  ⑥ 유지관리 어려움

엑추에이터란?

- **유**압에너지를 **기**계적 에너지(직선운동 or 회전운동)로 **변환**하는 장치   TIP! : 유기엑추에이터
- 대표적 엑추에이터에는 유압**모**터 / 유압**실**린더가 있다.   TIP! : 모실

유압모터

- 유압모터는 유압에너지의 속도(유량)를 이용, 조절함으로써 회전운동을 하는 장치
- 유압모터의 용량은 입구 압력당 토크로 나타냄
- 유압모터의 종류   TIP! : 베플기   **기**어형, **베**인형, **플**런저형 (피스톤형)

- 베인형 : 베인사이에 유입된 유체에 의해 로터가 회전
  내구성 큰 무단변속기 [로커암식, 캠로터리식]
- 플런저형[피스톤형] : 고압에 적합, 최고 토출압력, 평균효율이 가장높다.
  대형이고 비싸다.
- 기어형 : 구조간단, 가격저렴, 평기어

- **유압모터의 특징**
  ① 유압모터는 오일점도에 영향을 받는다.
  ② 유압모터는 무단변속이 용이하다.
  ③ 유압모터는 유량조절(속도) 방향제어가 쉽다.
  ④ 유압모터는 급정지가 용이하다.
  ⑤ 유압모터는 비교적 신속하고 정확하게 작동한다.

  ⑥ 유압모터는 **오일누유 위험성**이 있다.
  ⑦ 유압모터는 **화재발생 위험**이 있다.
  ⑧ 유압모터는 **먼지나 공기혼입 위험성**이 있다.

▣ 유압실린더

❖ **유압실린더**는

   유압펌프에서 보내진 **유압에너지로 피스톤의 직선운동**을 만들어낸다.

- 종류 : ① **단동 실린더 (피스톤, 플런저, 램형)**

     ② **복동 실린더 (싱글,더블)**

     ③ **다단 실린더**

- 유압실린더 구성품 : **피스톤, 피스톤로드, 실린더, 쿠션기구, 실(seal)**

- 작동 속도 조절은 유량으로 한다. **유량부족 시 작동속도는?**
   - **느려진다.** (빠르게 하려면? 유량을 증가시킨다.)

- 유압실린더 교환 시
   - 누유 및 작동상태를 점검하고, 공기빼기 작업을 한다.

- 유압실린더의 과도한 자연낙하 현상 원인
   ① 컨트롤밸브 스풀 마모
   ② 릴리프밸브 조정 불량
   ③ 오일링 마모

- **숨돌리기 현상**이란?

   유압으로 작동하는 실린더 등의 장치가 작동 중 **순간적으로 멈칫**하며 작동이 지연되는 현상.

   원인 : 서지압 발생. 공기혼입으로 유체압력을 전달하는 피스톤의 작동이 불안정하여 발생.

유압펌프

- 유압펌프의 종류 TIP! : 기로베플!

- **기**어펌프, **로**터리펌프, **베**인펌프, **플**런저(피스톤)펌프
- 기어펌프 : 회전펌프 간단구조, 저렴, 효율별로, 흡입력 좋음.
  (펌프베어링 마모, 오일부족, 흡입관막히면 소음발생)
- 베인펌프 : 회전펌프 간단구조, 경량, 유지관리 쉬움, 수명길다.
- 플런저펌프 : 피스톤펌프 구조복잡, 비쌈. 흡입능력나쁨.
  최고압토출, 가변용량 토출가능, 고압대출력, 수명길다.
- 로터리펌프 [트로코이드 펌프] : 안쪽 내외 로터2개
  바깥쪽 하우징으로 구성된 펌프

- 펌프용량은 토출량으로 표시한다
- 유압 펌프의 오일 토출량이 부족하면 회전속도가 느려지고,
  토출량이 크면 회전속도가 빨라진다. (오일의 흐름량으로 속도 결정)
- 오일 누설이나 작동부가 마모, 파손되면 펌프회전속도가 느려진다.

오일 (유압유)탱크

- 오일탱크 구성품 TIP! : 플스주면베플
- 드레인플러그 : 탱크내 오일 전부 배출
- 스트레이너 : 흡입구에 설치 불순물 필터
- 주입구캡 / 유면계 : 적정오일량 나타냄
- 베플플레이트 : 칸막이로 기포 분리제거

- 유압 탱크의 기능
  ① 필요 유량 확보
  ② 방열, 온도 유지
  ③ 불순물 혼입 방지
  ④ 기포 분리 제거

기타 유압부품

- **배관이음**으로 **호이스트형 유압호스 연결부**에 쓰이는 것은? **유니온조인트**
- 유압호스 중 **가장 큰 압력**에 견디는 것은? **나선 와이어 브레이드**

- **오일 실(Seal)**
  ① 유압계통의 오일누출 방지 역할
  ② 수리할 때마다 항상 교환
  ③ 오일누출 시 가장 먼저 점검 확인

- **더스트실(Dust seal)의 역할?**
  유압실린더 내로 먼지나 오염물질이 혼입되는 것을 방지

- **어큐뮬레이터[축압기]의 기능은? 유압에너지 저장, 충격흡수 기능**
  (블레더형 내부에는 질소가스 충진)

- **유압장치의 수명연장**을 위해서 **가장 중요한 것**은?
  정기적으로 오일필터를 점검 교환한다.

유압회로

❖ **유압회로는**
  유압기기를 서로 연결하는 유로 복잡하여 도면으로 표시한 것

- **종류** : 압력제어회로, 속도제어회로, 무부하회로(언로드)

- 압력제어회로 - 릴리프밸브로 알맞은 압력 제어

- **속도제어회로** - 유압모터 / 실린더 속도를 유량으로 제어
  ① 미터인 - 엑추에이터 입구쪽 관로에 유량제어밸브를 설치하여 속도 제어

② 미터아웃 - 엑추에이터 출구쪽 관로에 회로를 설치하여
실린더에서 유출되는 유량으로 속도를 제어
③ 블리드오프 - 실린더 입구 분기회로에 유량제어밸브 설치
불필요한 유압을 배출하여 작동효율 증진

- **무부하회로 (언로드회로)** - 작업 중 유량이 필요치 않게 되었을 때
  오일을 탱크에 귀환시켜 펌프를 무부하 시키는 회로

- **유압회로의 압력에 영향주는 요소**
  - 유량, 점도, 관로직경

- **유압회로의 압력 점검 위치**
  펌프와 컨트롤밸브 사이   **TIP!** : 펌컨사이다

- **유압회로 내 소음 원인**
  ① 회로 내 공기혼입
  ② 채터링 현상
  ③ 캐비테이션 현상

- **유압회로 잔압설정 이유**
  - 작동지연방지, 공기혼입 / 오일누설 방지

- **서지압(surge Pressure)**
  - 유압회로내 과도하게 발생하는 이상압력의 최대값

- **차동회로를 설치한 유압기기에서 속도가 나지않는 원인은?**
  - 유압회로 내 압력손실이 있을 때

유압밸브

❖ **압력제어밸브**는

펌프와 방향전환 밸브 사이에서 **유압을 일정하게 조절하여 일의 크기를 결정**

• **압력제어밸브**의 종류   TIP! : 압카리릴무시~ ★★★

(**카**운터밸런스, **릴**리프밸브, **리**듀싱(감압)밸브, **무**부하(언로드)밸브, **시**퀀스밸브)

① **카운터 밸런스 밸브** : 실린더가 중력으로 제어속도 이상으로 낙하하는 것을 방지

② **릴리프 밸브** : 유압회로 최고압력을 제한하고 압력을 일정하게 유지시키는 밸브

③ **리듀싱 (감압) 밸브** : 입구 압력을 감압하여
　　　　　　　　　　　　유압실린더 출구압력을 설정압력으로 유지하는 밸브

④ **무부하 밸브** : 고압소용량, 저압대용량 펌프조합
　　　　　　　　작동압력이 규정 이상 상승할때 동력절감

⑤ **시퀀스 밸브** : 두개이상의 분기회로에서 작동순서를 제어

❖ **방향제어밸브**는

엑추에이터의 운동방향을 제어하기 위해 **유체의 흐르는 방향 제어하는 밸브**

• **방향제어밸브**의 종류   TIP! : 방체감스셔~ ★★★

(**체**크 밸브, **감**속 밸브(디셀러레이션밸브), **스**풀 밸브, **셔**틀 밸브)

① **체크 밸브** : 역류를 방지하고 잔압을 유지해주는 밸브

② **감속 밸브** (디셀러레이션 밸브) : 엑추에이터의 속도를 감속시키기 위한 밸브

③ **스풀 밸브** : 외부에 여러 개 홈 파여 있고 원통형 슬리브 내접, 유로를 개폐

④ **셔틀 밸브** : 회로 내 유체의 흐름 방향을 변환 시키는 밸브

❖ **유량제어밸브**는

유압장치에서 **작동속도를 바꿔주는 밸브**

- **유량제어밸브의 종류** 　TIP! : 유스압온니분~ ★★★

  (**스**로틀 밸브, **압**력보상 밸브, **온**도압력보상 밸브, **니**들 밸브, **분**류 밸브,)

  ① **스로틀 밸브** : 오일통과 관로를 줄여 오일량을 조절

  ② **압력보상 밸브** : 부하변동이 있어도 스로틀 전후의 압력 차를 일정하게 유지

  ③ **온도압력보상 밸브** : 점도가 변하면 일정량 보낼 수 없다.

  　　　　　　　　　온도에 따른 점도변화 줄여주는 밸브

  ④ **니들 밸브** : 내경이 작은 파이프에서 미세한 유량을 조정하는 밸브

  ⑤ **분류 밸브** : 유량을 제어하고 분배하는 밸브

- **유압장치**에 사용되는 **밸브는 경유로 세척**

〈실린더 종류와 기호〉

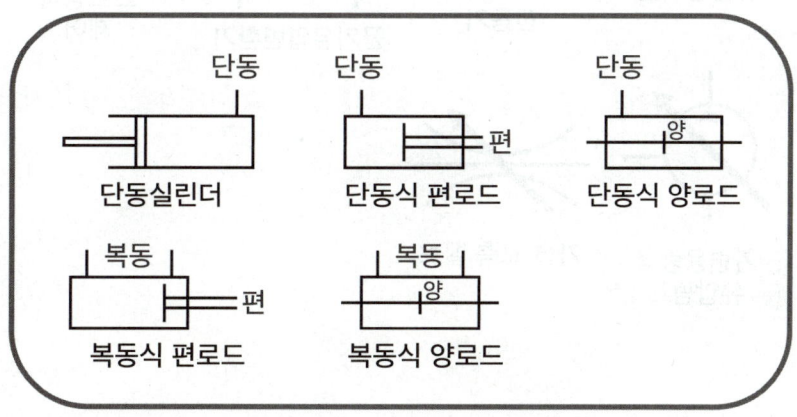

〈시험에 잘나오는 기호〉

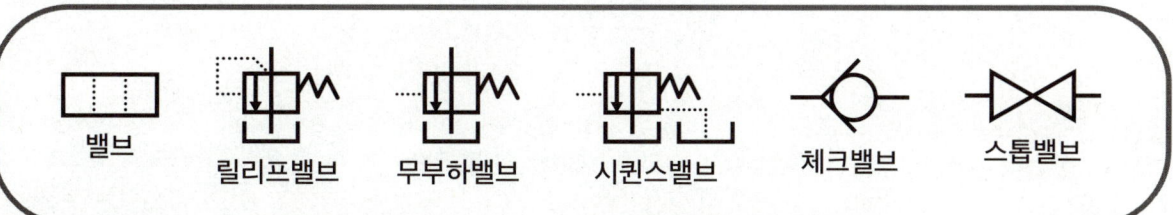

<시험에 잘나오는 기호>

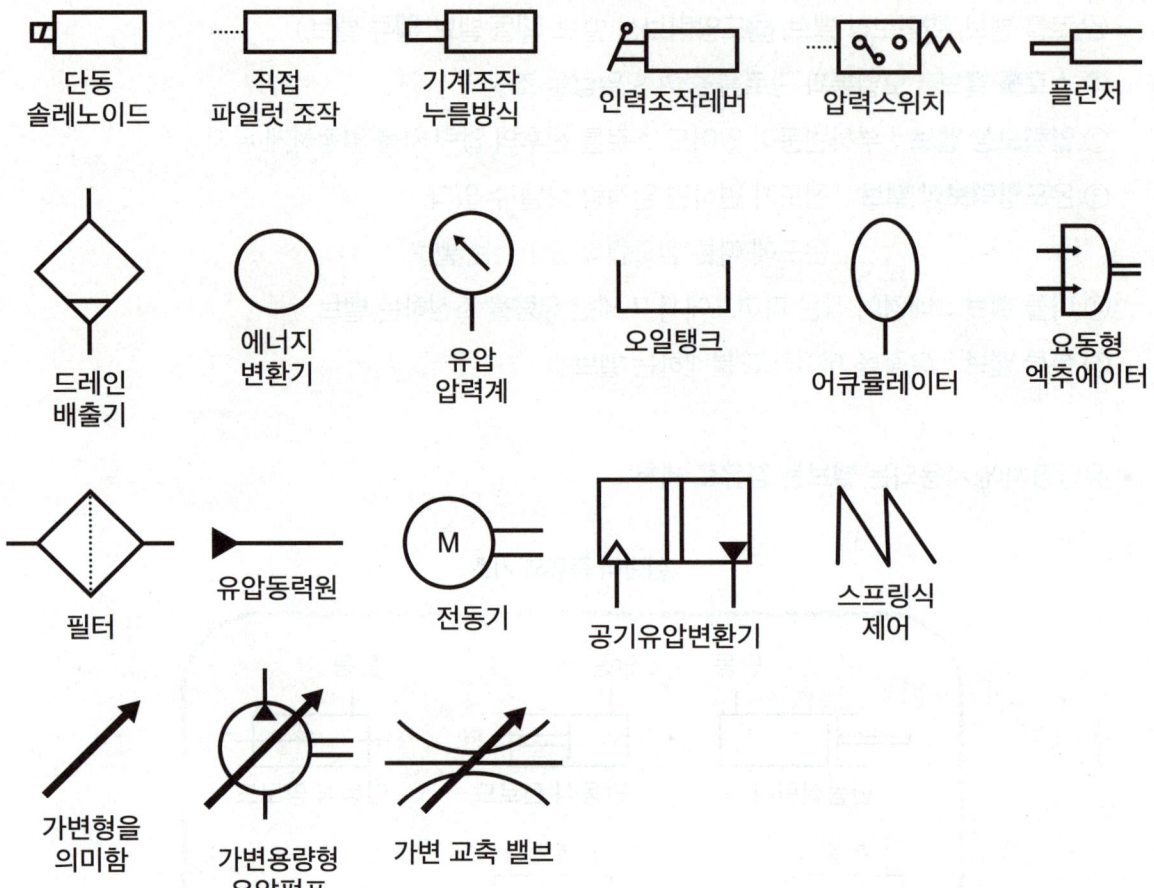

4. 전기장치

건설기계에서 전기의 이용

❖ 건설기계에서 전기장치는

> 축전지(배터리), 시동장치, 충전장치, 등화 냉난방에 이용

- 전류(I)의 단위는 A(암페어)
  저항(R)의 단위는 Ω(옴)
  전압(E)의 단위는 V(볼트)로 나타낸다.

- 전류 I = $\dfrac{전압 E}{저항 R}$ **TIP!** : 전류는 압퍼항~

  (예) 전압이 36V이고 저항이 2Ω 이면 전류는 몇 A인가?
       18A (전류는 압/항 = 36/2 = 18A)

- 전류는 전압의 크기에 비례하고 저항에 반비례
- 전력 P = 전류 I x 전압 E = E제곱 / R
- 전류의 3대작용 : 발화자 (발열, 화학, 자기작용)
- 축전지의 충·방전 작용은 화학작용이다.
- 축전지 직렬연결 - 용량(사용시간)은 한 개와 동일, 전압은 두배 (한방에 다 쓰기)
- 축전지 병렬연결 - 용량이 2배(2배 오래감), 전압은 한 개와 동일

플레밍의 왼전오발!

- **플레밍의 왼손법칙 : 전동기의 원리**
  (왼전 / 도선이 받는 힘의 방향을 결정)
- **플레밍의 오른손법칙 : 발전기의 원리**
  (오발 / 유도기전력, 유도전류의 방향을 결정)

축전지[배터리]의 용도

① 엔진 시동 시
② 발전기 고장 시
③ 발전기 출력 및 부하의 언벨런스 조정
④ 화학에너지를 전기에너지로 변환
⑤ 전기에너지를 화학에너지로 저장

축전지[배터리]의 종류

- **납산축전지 : 저렴한 가격, 가장 많이 사용되지만 수명 짧고 무겁다.**
  - 양극판 : 과산화납   TIP! : 양과음해
  - 음극판 : 해면상납
  - 극판의 작용물질이 떨어지기 쉽다.
  - 전해액은 묽은황산, 자연감소 시 증류수로 보충
- **MF축전지 : 전해액 보충이 필요없다. 격자의 재질은 납과 칼슘 합금**
  - 자기방전이 적고 보존성이 우수
  - 밀봉 촉매마개를 사용하며, 비중계가 부착되어 있다.
- **알칼리 축전지 : 전해액으로 알칼리용액을 사용**
  - 진동에 강하고 자기방전이 적어 수명이 길지만 비싸다.

▣ 축전지[배터리] 핵심기출

- 축전지 급속충전은?

    ① 긴급할 때만 사용한다.

    ② 충전시간은 가능한 짧게한다.

    ③ 통풍이 잘되는 곳에서 한다.

- 축전지 전해액 빨리줄어드는 원인은?

    ① 케이스 손상

    ② 과충전

    ③ 전압조정기 불량

- 축전지 겨울철 온도 내려갈 때 현상은?

    ① 비중 상승 (온도와 비중은 반비례)

    ② 용량 저하

    ③ 전압 저하

- 축전지 전압이 낮을 때 원인은?

    ① 조정 전압이 낮다.

    ② 다이오드가 단락되었다.

    ③ 케이블 접속이 불량하다.

- 납산축전지 충전 시 화기엄금 이유는?

    - 수소가스 발생, 폭발위험 때문

- 납산축전지 증류수를 자주 보충해야 한다면 그 이유는?

    - 과충전되고 있기 때문이다.

- **축전지를 과충전하면?**
  ① 전해액이 갈색을 띄고,
  ② 양극판 격자가 산화되며,
  ③ 양극 단자 셀커버가 볼록하게 부푼다.

  > **TIP!** : 과충전하면 갈산동 배불뚝 된다.
  > (갈색 되고, 산화 되고 불룩하게 부푼다)

- **납산축전지를 장기간 방전상태로 두면?**
  - 극판이 영구황산납(바보~)가 되어 못쓴다.

- **급속충전 시 접지케이블 분리하는 이유는?**
  - 발전기의 다이오드 보호

기동전동기

❖ 일반적으로 시동전동기(엔진 시동을 거는 모터)로 이해하면 쉽다.

- **기동 전동기 역할**

  > 내연기관이 처음 작동(기동)할 때 축전지의 전원을 사용하여
  > 1회의 폭발을 일으켜 크랭크 축을 회전시키는 역할

- 건설기계차량에서 가장 큰 전류가 흐르는 곳은 시동모터[기동전동기]다.
- 기동 전동기는 플래밍의 왼손법칙 이용
  (왼전오발의 왼전! 왼손법칙은 전동기(모터)의 원리)

- 건설기계 전동기는 축전지의 전원으로 시동[기동]하는 직류 직권 전동기
  > **TIP!** : 찍찍전동기
- **전동기 종류** - 직권식(직렬)을 주로 사용하며, 분권식(병렬), 복권식(복합)이 있다.
  - 직권식 전동기는 계자코일과 전기자 코일이 직렬로 연결
  - 분권식 전동기는 계자코일과 전기자 코일이 병렬로 연결

- 기동 전동기의 시험항목 - **무**부하시험, **회**전력시험, **저**항시험

  TIP! : 무회저

- 기동 전동기의 회전력 시험은 **정지 시의 회전력을 측정**
- 기동 전동기의 전기자 코일의 시험은 **그로울러 시험기 이용**

기동전동기의 동력전달

❖ **(기동전동기의) 동력전달기구**는
  시동모터[기동전동기]의 회전으로 발생한 토크를 플라이휠로 전달해주는 장치

- (기동전동기의) 동력전달기구는 **클러치, 시프트레버, (구동)피니언 기어**로 구성
- 기동전동기 동력전달 순서는 **클**러치 - **변**속기 - **종**감속기어

  TIP! : 클변종

- 시동장치의 링기어를 회전시키는 **구동피니언은 기동전동기에 부착**
- 플라이 휠 링기어 손상 시 **기동전동기는 회전되나 엔진 크랭킹이 되지 않는다.**
- **오버러닝 클러치란?**
  시동 이후 피니언이 링기어에 물려 있어도 엔진의 회전력이 기동전동기로
  전달되지 않도록 설치된 클러치를 말한다.

기동전동기 핵심기출

❖ 기동전동기가 작동하지 않거나 회전력이 약한 이유는?
  ① 배터리 전압이 낮다.
  ② 배터리 단자와 터미널 접촉불량
  ③ 배선과 시동스위치 손상 또는 접촉불량
  ④ 브러시와 정류자의 밀착불량
   (but 전동기는 배터리관련 문제지 오일이나 밸트문제가 아님)

❖ 기동전동기 시험항목이 아닌 것은? (무회저)
① 무부하 시험
② 회전력 부하 시험
③ 저항시험
   (but 정류자시험 (×))

❖ 시동 걸린 후 스타트 키 ON상태로 계속 누르고 있으면?
▶ 피니언 기어 손상, 수명 단축

❖ 겨울철 시동전동기 크랭킹 회전수가 낮아지는 원인은?
① 엔진오일 점도 상승
② 저온으로 축전지 용량 감소
③ 저온으로 기동 부하 증가
   (but 점화스위치 저항증가 (×))

운전 중 충전장치 (발전기와 레귤레이터)

❖ **건설기계의 충전장치는**
- **발전기와 레귤레이터로 구성되어 전기장치에 전력을 공급하고 축전지를 충전하는 역할을 한다.**
- **발전기는 크랭크 축에 의해 구동된다.**
- **레귤레이터는 충전 시 일정한 전압을 유지시켜주는 장치**

- **직류발전기** 구성품 암기 TIP! : 전철코브정
  ① **전**기자 - 전류가 발생되는 부분
  ② 계자**철**심과 계자**코**일 - 계자코일에 전류가 흐르면 철심이 전자석이 된다.
  ③ **정**류자와 **브**러시(교류를 직류로 바꿔준다.(정류))

- **교류발전기** 구성품 암기! **TIP!** : 슬브다로스 ★★★
  ❖ **특징 : 고속, 내구성이 좋다. 브러시 수명 길다.**
    - 소형 경량이며 저속충전 성능이 좋아 널리 이용
    - 역류하지 않아 컷아웃 릴레이나 전류제한기 필요없다.
    - 불꽃 발생 없다. 점검, 정비 쉽다.
    (중요! 건설기계 장비의 발전기는 3상 교류발전기!)

    ① **슬**립링 - 브러시로부터 전류를 공급 받아 로터를 전자석으로 만든다.
    ② **브**러시 - 브러시는 로터가 회전할 때 슬립링과 접촉을 하면서
                 로터 코일에 전류를 공급하는 역할
    ③ **다**이오드(정류기) - 스테이터 코일에서 발생된 교류전류를 직류로 변환,
                 역류방지 기능을 한다.
    ④ **로**터 - 팬벨트에 의해 돌려지면 전자석이 되어 회전하고,
                 스테이터에서 전류가 발생
    ⑤ **스**테이터 코일 - 직류의 전기자에 해당, 전류가 발생되는 부분

- 축전지의 전기를 정류자에 전달하는 것은 브러시다.(1/3 마모 시 교체)
- 기동전동기 전기자코일에
  항상 일정방향으로 전류가 흐르도록 하기 위해 정류자를 설치한다.

- **디젤 교류발전기 고장 시 현상**
  ① 충전경고등 점등
  ② 헤드램프 어둡다.
  ③ 전류계 지침이 (-)를 가리킨다.
    (but 배터리 방전 시동꺼진다 (×))

- **교류발전기 작동 중 소음원인**

  ① 베어링 손상

  ② 벨트 장력 약하다

  ③ 고정 볼트가 풀렸다.

  (but 축전지 방전 (×))

- **직류 레귤레이터(DC)**

  - 전압을 일정하게 유지하는 전압조정기(직류 교류 공통)
  - 역류방지 컷아웃릴레이
  - 출력전류 이상 방지하는 전류제한기

- **교류 레귤레이터(AC)**

  - 전류조정기, 컷아웃릴레이 없고 전압조정기만 있음
  - 전압조정기 종류는 TIP! : 접카트! - **접**지식, **카**본파일식, **트**랜지스터식
  - 레귤레이터 고장 시 발전기가 발전해도 축전지에 충전이 되지 않는다.

등화장치

- **전조등** : 전조등 좌우램프 회로는 병렬로 되어있다. (복선식)
- **실드빔식 전조등**

  ① 반사경과 필라멘트가 일체형

  ② 필라멘트 끊어지면 전조등 전부를 교환해야 한다.

  ③ 내부에 불활성 가스가 들어있다.

  ④ 사용에 따른 광도 변화가 적다.

- **세미실드빔식 전조등**

  ① 전구만 따로 교환가능

  ② 먼지. 습기 들어가면 조명 효율을 떨어뜨린다.

  ③ 할로겐램프가 해당

- **방향지시등 한쪽만 점멸이 빠르다면?**
  - 가장 먼저 전구(램프)를 점검한다.

- **방향지시등 한쪽만 고장일 때 그 원인은?**
  ① 전구1개가 단선
  ② 녹발생으로 전압강하
  ③ 규정 용량 전구 미사용
  (but 플래셔 유닛 고장 (×))

- **에어컨 신냉매는 R-134a**

계기판 경고등

- 방향지시등, 제동등 확인은 **운행 전에 확인**한다.
- **운전 중 충전경고등 들어왔다면?**
  - 충전이 되지않고 있음을 나타낸다.
- **정비 시 오일경고등이 점등되었다면?**
  - 우선 즉시 시동을 끄고 오일계통 점검

- **기관온도계의 눈금은 냉각수의 온도를 표시한다.**

- **기관을 회전하여도 전류계가 움직이지 않는 이유는?**
  ① 전류계 불량
  ② 스테이터 코일 단선
  ③ 레귤레이터 고장
  (but 축전지 방전 때문은 아니다.)

- **자기진단 기능이란?**
  - 고장진단 테스트 단자로 항상 시스템을 감시하며 필요 시 경고신호를 보내주는 기능

- **제어유닛(ECU)이란?**
  - 전자제어 디젤 분사장치에서 연료를 제어하기 위해 센서로부터 각종정보를 입력받아 전기적 출력 신호로 변환하는 장치

다이오드/트랜지스터

- **다이오드** (한쪽 방향으로 전류가 흐르도록 제어하는 반도체 소자)
  ① 소형이고 가볍다.
  ② 예열시간을 요구하지 않고 곧바로 작동한다.
  ③ 전력손실이 적으나
  ④ 고온, 고전압에 약하다.
  ⑤ 포토 다이오드는 빛에 따라 전류가 흐르는 전기소자

- **트랜지스터** (전자신호나 전력을 증폭하거나 스위칭하는데 사용되는 반도체 소자)
  ① 트랜지스터도 소형경량
  ② 수명이 길고, 내부전압 강하 적다.
  ③ 고온, 고전압에 약하다.
  ④ **N**PN형 : **에**미터 접지 **TIP!** : 엔이피컬
  ⑤ **P**NP형 : **컬**렉터 접지
  ⑥ 트랜지스터의 회로작용은 **지**연회로, **증**폭회로, **스**위칭회로 **TIP!** : 지증스

5. 동력전달장치 / 조향장치 / 제동장치

1 타이어식 굴착기 동력전달 장치

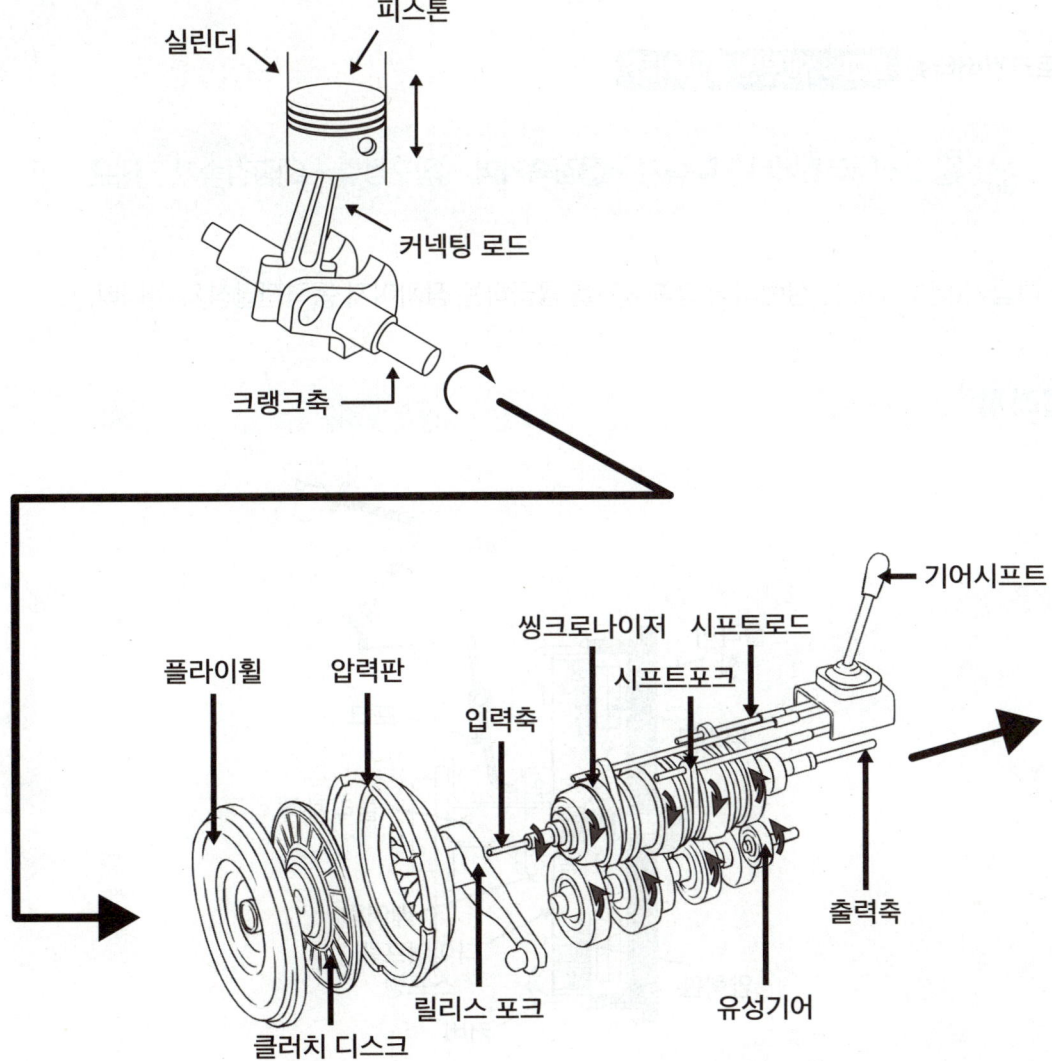

▣ 타이어식 굴착기 동력전달 순서

- **마찰클러치형** TIP! : 엔클변종앞차

  엔진 - 클러치 - 변속기 - 종감속기어와 차동장치 - 앞구동축 - 차륜

또는

> 엔진(피스톤 - 커넥팅로드 - 크랭크축) - 클러치 - 변속기 - 종감속장치 - 차동장치 - 구동축 - 바퀴

- 토크컨버터형 **TIP!** : 엔토변종앞최차

> 엔진 - 토크컨버터 - 변속기 - 종감속기어 - 앞구동축 - 최종감속기 - 차륜

- 과급기(터보차저)는 실린더에 압축공기를 공급하는 장치이지 동력전달장치 아니다.

클러치

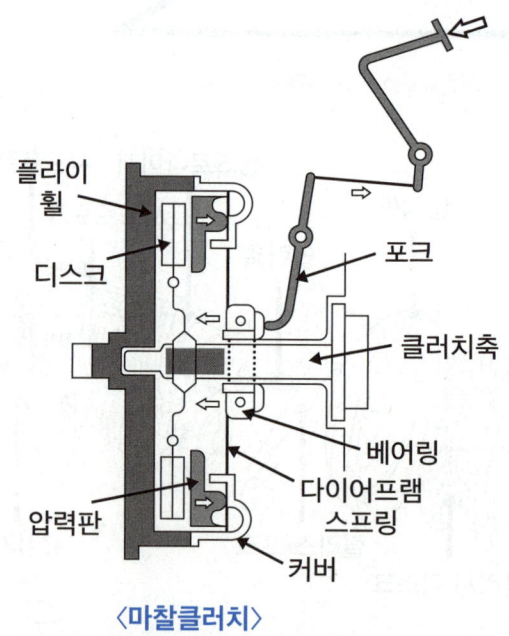

〈마찰클러치〉

❖ **클러치**는

기관[엔진]에서 생산된 회전력을 변속기에 전달하는 역할

- (일반마찰)클러치는 수동변속기에 사용되며 엔진과 변속기 사이 동력을 단속한다.
- 클러치 중 전달매체로 유체(오일)을 사용하는 유체클러치는 자동변속기에 많이 쓰인다.
- (유체클러치의) 가이드링은 와류를 감소시키는 역할을 한다.

- **클러치의 용량은 [엔진 회전력의 1.5~2.5배]**
  - 클러치 용량이 너무 크면 엔진 정지나 동력전달 시 충격이 일어나므로
    엔진의 회전력에 비해 1.5~2.5배 정도 크면 된다.
  - 클러치 용량이 너무 작으면 클러치 슬립이 발생한다.
- 클러치는 엔진동력을 연결하고 끊어주는 역할을 하므로
  변속 시에만 클러치 페달을 밟는다.

- **압력판**은 (플라이휠에 클러치판을 압착시킨 다음) 플라이휠과 같이 회전한다.
- **쿠션스프링**으로 클러치판의 변형을 방지한다.
- 클러치 **스프링의 장력 약하면** 클러치가 미끄러진다.
- 클러치 **페달의 유격**을 두는 이유는 미끄럼방지 목적이다.
- 클러치가 **끊어지지 않는 원인**은 클러치 유격이 너무 크기 때문
- 클러치가 **자꾸 미끄러지면**
  ① 속도감소
  ② 견인력감소
  ③ 연료소비증가
    (but 엔진과냉 (×))

토크컨버터

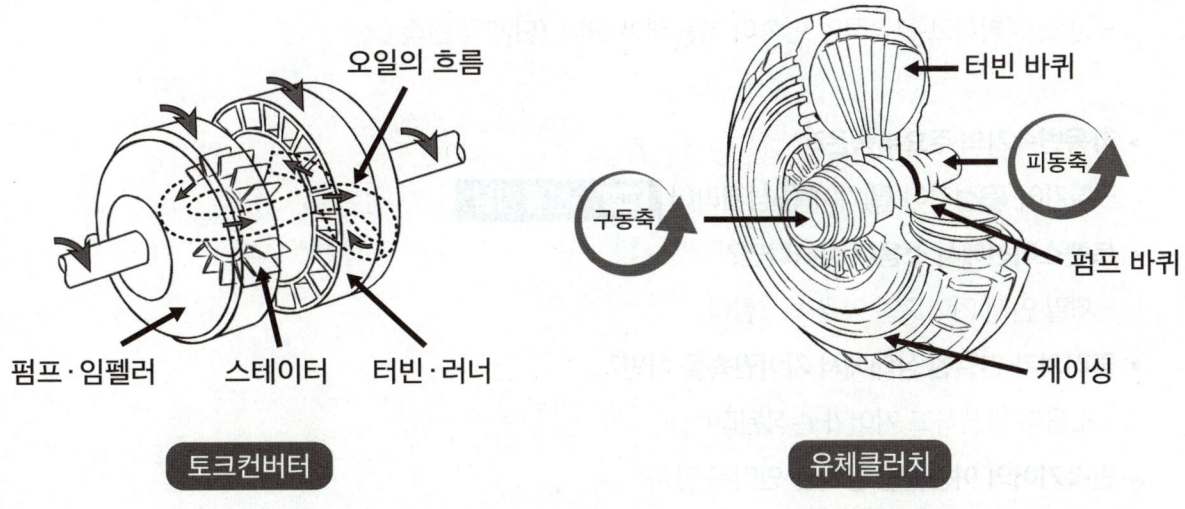

토크컨버터 / 유체클러치

- 토크컨버터 : 유체를 매체로 토크를 변환하는 역할
- 구성 : **펌**프, **터**빈, **스**테이터로 구성된다. **TIP! : 펌터스**
- 토크컨버터가 유체클러치와 다른 점은 스테이터가 있다는 것
- 토크컨버터의 오일의 흐름을 바꾸는 스테이터 (마주보는 두개의 선풍기처럼)
- 엔진과 직결되어 같은 회전수로 회전하는 것은 펌프
- 토크컨버터의 오일의 조건
    ① 점도는 적당해야하고
    ② 빙점(어는점)이 낮고
    ③ 비등점(끓는점)과 착화점은 높을 것 (안정성이 커야)

▣ 변속기

❖ 변속기는
엔진 회전속도에 맞추어 바퀴의 회전 속도를 변화시키는 장치다.

- 변속기의 역할
    - 변속기는 엔진 회전력을 증대시키고, 시동 시 장비를 무부하 상태로 만든다.
    - 장비의 후진 시 필요하다. (○)

- 변속기의 조건
    - 소형, 경량이며 강도와 내구성이 좋아야 한다. (대형이어야 한다. (×))
    - 신속, 정확하고 연속적인 변속이 가능해야 한다. (단계적 변속 (×))

- 자동변속기의 주요부품은?
    - **선**기어, **유**성기어, **링**기어, **유**성캐리어 **TIP! : 선유링유**
- 트랜스미션에서 소음이 심하다면?
    - 제일 먼저 기어오일 양을 체크한다.
- 클러치가 연결된 상태에서 기어변속을 하면?
    - 소음이 발생하고 기어가 손상된다!
- 변속기어의 이중물림 방지는 인터록 장치

추진축

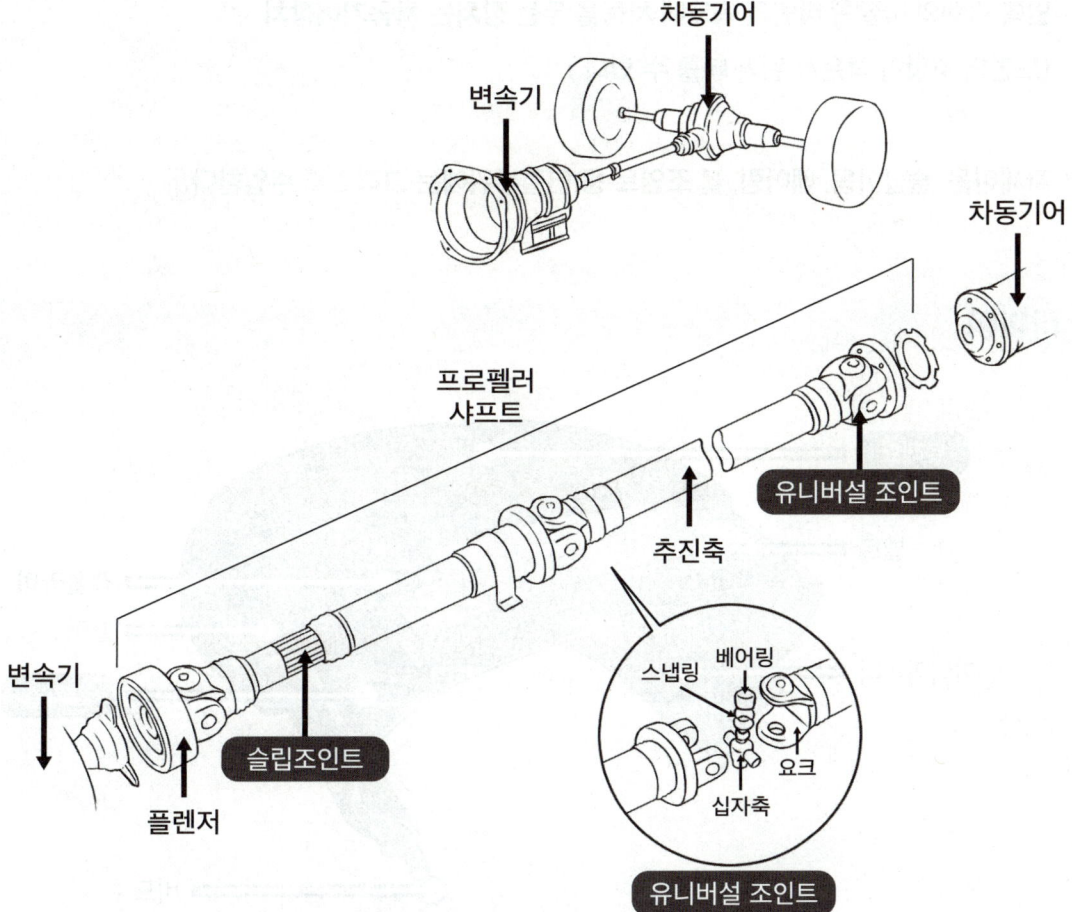

- 추진축의 회전 시 진동방지는 추진축의 밸런스 웨이트

- 슬립이음 [슬립조인트]
  - 추진축의 길이방향 변화를 위해 사용

- 유니버설 조인트 [십자축 자재이음]
  - 두 축 간 충격완화와 각도변환을 쉽게 할 수 있게 해 준다.

- 종감속 장치는 엔진동력을 바퀴까지 전달 시
  - 마지막으로 감속작용을 하는 [파이널드라이브기어]다.

- 종감속비는 링기어 잇수 / 구동기어 잇수   TIP! : 종 = 링/구

- 휠형 건설장비가 커브를 돌 때 원활한 선회를 할 수 있도록
  (바깥쪽 바퀴의 회전속도를 증대시켜)
  안쪽 바퀴와 바깥쪽 바퀴의 속도에 차등을 두는 장치는 차동기어장치
  (노면의 저항이 적은 바퀴가 빠를 수 있다.)

- 자재이음, 슬립이음, 베어링, 볼 조인트 등 연결부위에는 그리스를 주입한다.

타이어

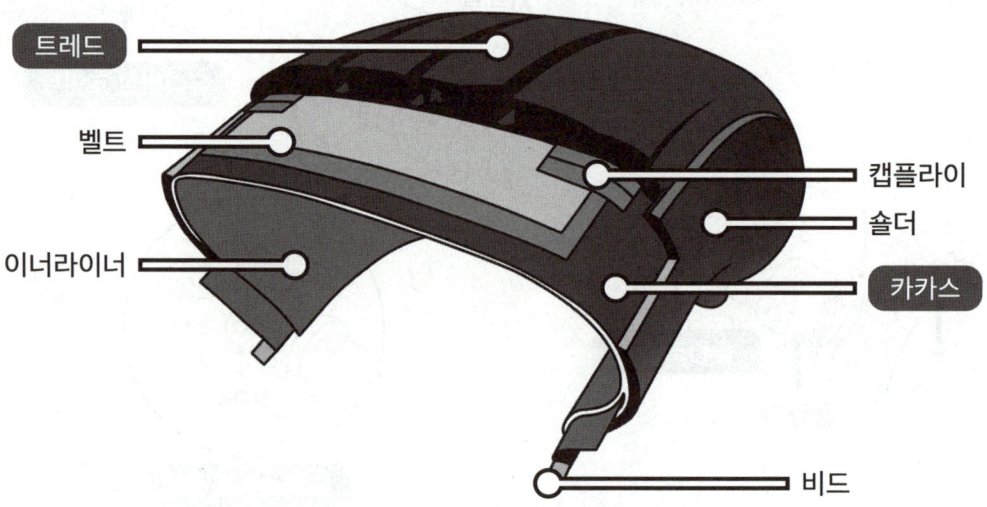

- 노면과 직접 접촉해서 마모를 견디고
  적은 슬립으로 견인력을 증대시키는 타이어의 부분은 트레드
  트레드 패턴은 편평율과는 관련 없다.

- 여러겹의 고무피복코드로 타이어의 골격은 카커스
  저압타이어 표시순서 저압타이어-폭-내경-플 TIP! : 저 폭내플
- (예) 9.00-18-15PR에서 9.00은 폭, 18은 내경, 15는 플라이레이팅(강도)

2 조향장치

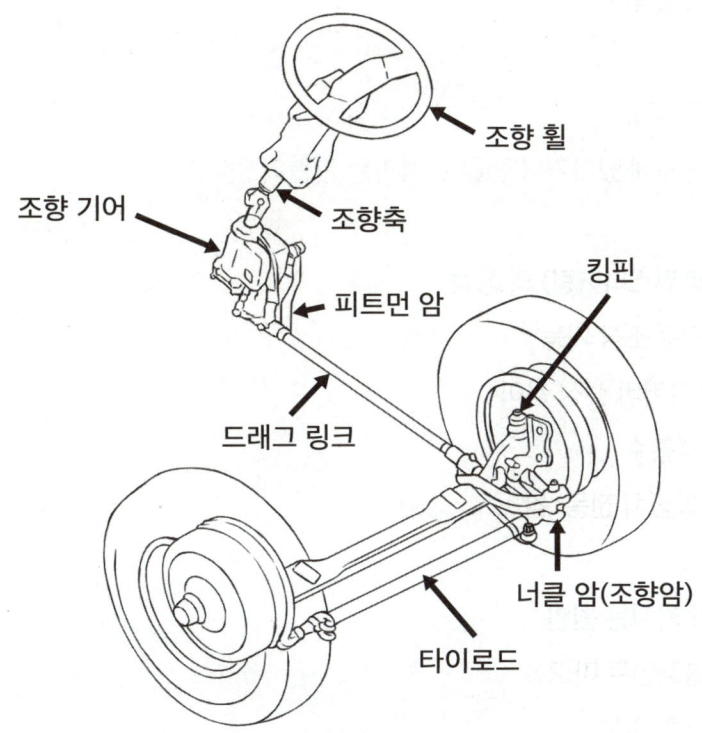

- 핸들에서 바퀴까지 조작력 전달 순서 TIP! : 핸조피드타조바

  핸들 - **조**향기어 - **피**트먼암 - **드**래그링크 - **타**이로드 - **조**향암 - **바**퀴

> 일반적인 휠형 건설장비는 앞바퀴로 조향하나
> 지게차는 뒷바퀴 조향방식이다. (지게차는 앞바퀴 구동, 뒷바퀴 조향)
> 지게차의 조향원리는 에커만 장토식이다.
> 지게차 조향장치의 유압실린더는 복동식 양로드형이다.

＊ 지게차 조향장치와 관련해서도 출제되므로 알아두시는 게 좋습니다.

- 조향기어 구성품은 **웜**섹조 - **웜**기어, **섹**터기어, **조**정스크루 TIP! : 웜섹조
- 조향기어 백래시(톱니바퀴 틈새)가 크면 핸들유격이 커진다.
- **벨**크랭크는 실린더의 직선운동을 회전운동으로 바꾸고, 타이로드를 직선운동 시킨다.
- **드**래그링크 : **벨**크랭크와 **실**린더 **사이**에 설치~ TIP! : 벨드실

- **조향장치 핸들 무거운 이유는?**
    ① 유압 계통에 오일부족
    ② 유압이 낮다.
    ③ 공기혼입 때문이다.
      (but 바퀴가 습지에 있다거나 핸들 유격과는 관련이 없다.)

- **동력조향장치 (파워스티어링) 의 장점**
    ① 작은 조작력으로 조작 가능
    ② 설계 제작 시 기어비 선정 용이
    ③ 굴곡 노면 충격흡수
    ④ 시미현상 (조향장치 진동) 감소

- **조향핸들 유격이 커지는 원인**
    ① 타이로드 & 볼조인트 마모
    ② 조향바퀴 베어링 마모
    ③ 피트먼 암의 헐거움
    ④ 조향기어의 백래시가 크다.
      (but 타이어 마모와는 관련 없다.)

▣ 토인

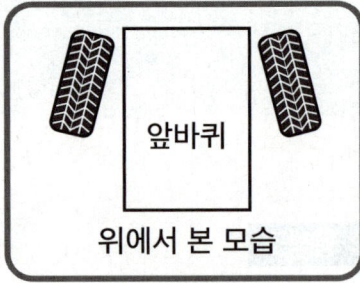

위에서 본 모습

- 토인은 앞바퀴의 간격이 뒤보다 앞이 좁은 것 **(한자 여덟팔자)**
- 토인 조정을 통해 고속주행 안정성과 타이어 편마모를 방지한다.
- 토인 조정은 타이로드로 한다. **TIP!** : 토~타~

캠버각

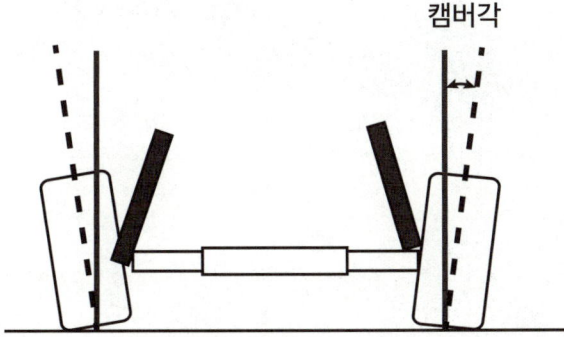

- **캠버각** : 바퀴중심선과 노면과의 수직선이 이루는 각도
  앞바퀴를 앞에서 보면 약간 바깥쪽으로 벌어져 있음
- 핸들조작 가볍게 하고 타이어 이상마멸 방지
- 캠버각이 틀어지면 핸들쏠림 발생하고 트레드 편마모되므로 휠얼라이먼트를 조정한다.

킹핀경사각

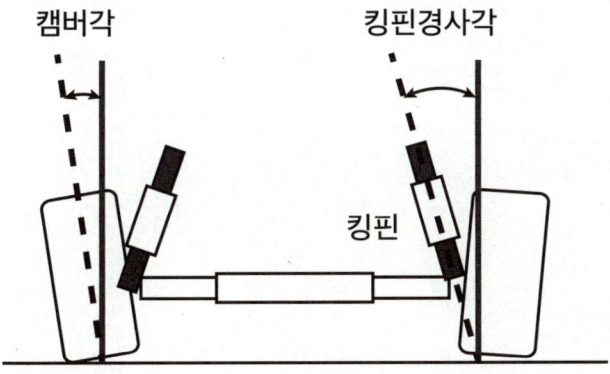

- **킹핀 경사각** : 앞에서 앞바퀴를 볼때 킹핀중심선과 수직선이 이루는 각도
  핸들 조작력, 복원력 증대시키고 제동 시 충격감소 역할

◘ 캐스터각

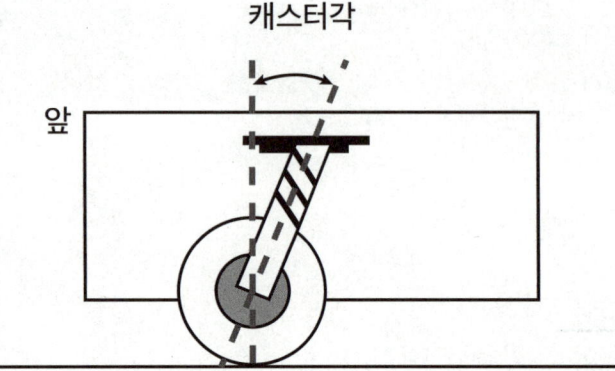

- 캐스터각 : 앞바퀴를 옆에서 보았을 때 **조향축이 기울어 있는 각도**

  주행 방향성 향상, 핸들복원력 증가

❖ **앞바퀴 정렬 (휠얼라이먼트)을 통해**
- 타이어 마모를 최소화하고,
- 직진성, 조향복원력, 방향안정성을 향상시킨다.
- 핸들조작을 작은 힘으로 할 수 있다.

3 제동장치

▣ 브레이크 장치 조건

① 브레이크는 마찰력이 좋아야 한다.
② 신뢰성 내구성 뛰어나야 한다.
③ 점검정비 용이해야한다.
④ 모든 바퀴에 균등한 제동력 발생시켜야 한다.

- **유압식 브레이크(드럼식, 디스크식)는**
  ① 파스칼의 원리를 이용
  ② 유압계통이 누설 파손되면 급격한 성능저하
- **유압브레이크에서 잔압유지 역할하는 밸브는 체크밸브!**
- **제동장치의 마스터 실린더의 리턴구멍이 막히면**
  – 브레이크 오일이 돌아오지 못해 제동이 풀리지 않는다.

▣ 베이퍼록

- **원인 : 긴 내리막에서 과도한 브레이크 사용 시 드럼과 라이닝 간격이 좁아져 끌림이 발생**
  오일에 과도한 수분함유 또는 오일 변질로 비등점(끓는점)이 낮아져 발생하기도 한다.

- **현상 : 브레이크 오일이 마찰열로 인해 끓어올라 (비등)**
  기포가 발생하여 브레이크 작동이 원활히 되지 않는 현상

- **방지 방법 : 긴 내리막에서는 엔진브레이크를 사용한다.**

페이드 현상

- 계속된 브레이크 사용 시 브레이크 드럼과 라이닝 사이 과도한 마찰열로 마찰계수가 떨어져 제동력이 떨어지는 현상을 페이드 현상이라 한다.
- 조치방법 : 작동을 중지하고 열이 식도록 한다.

진공식 배력장치

- 대형차는 보조브레이크로 진공식 배력장치를 이용 신속한 제동을 이끌어낸다.
- 뒷바퀴 부근에 설치하며 릴레이밸브 불량 시에도 브레이크 밸브로부터의 압축공기로 제동이 가능하다.

6. 건설기계 관리법 및 도로교통법

1 건설기계 관리법

❖ **건설기계 관리법의 목적**은 건설기계의 **효율적인 관리**와 **안전도 확보**이다

▣ 등록신청

- 건설기계 등록은 **대통령령**에 따라
- 건설기계 소유자의 주소지 또는 사용본거지를 관할하는 **시·도지사**에게 신청
- 취득일로부터 **2월** 이내에 **등록신청**을 해야한다.
  (전시.천재지변.국가비상사태에는 5일 이내 신청)

▣ 등록신청 시 제출하는 서류

① 건설기계 제작증 (국내 제품 일 때)
② 수입면장 등 수입사실 증명서류 (수입품 일 때)
③ 매수증서 (관청에서 매입 시)
④ 건설기계 소유자임을 증명하는 서류
⑤ 건설기계 제원표
⑥ 보험 또는 공제에 가입을 증명하는 서류

기출유형

❖ 건설기계 소유자는 다음 어느령이 정하는 바에 따라 건설기계를 등록하는가?
① **대통령령 (○)**
② 총리령
③ 고용노동부령
④ 국토교통부령

❖ 건설기계의 등록신청은 누구에게 하는가?
① 국토부장관
② 국무총리
③ 작업현장 관할 시·도지사
④ 소유자의 주소지 또는 사용본거지 관할 시도지사 (○)

❖ 건설기계의 등록신청은 취득한 날로부터 얼마의 기간 내에 해야 하는가?
① 2월 이내 (○)
② 1월 이내
③ 20일 이내
④ 10일 이내

❖ 건설기계 등록시 첨부하지 않아도 되는 것은?
① 건설기계 소유자임을 증명하는 서류
② 건설기계 제작증
③ 건설기계 제원표
④ 호적등본 (×)

등록 변경신고

- **등록사항 변경 시**
- **소유자 또는 점유자는 시·도지사에게 변경사항을 신고**
- **변경이 있은 날부터 30일 이내에 신고** (상속 시 3개월 / 전시, 비상사태 5일)
- **건설기계 매수자가 등록사항 변경신고를 하지 않을 시에는**
  매도자가 직접 소유권 이전 신고를 할 수 있다.

등록 변경신고 시 제출서류 [등신검증]

- 건설기계 등록증
- 건설기계 등록사항 변경 신청서
- 건설기계 검사증
- 변경내용을 증명하는 서류

등록 이전 신고

- 등록주소지 또는 사용본거지 시도 간 변경 있을 때

  변경이 있는 날로부터 30일 이내에 새로운 등록지를 관할하는 시·도지사에게 신고

등록 이전신고 시 제출서류 [등신검증]

- 건설기계 등록증
- 건설기계 등록이전 신고서
- 건설기계 검사증
- 변경사실을 증명하는 서류

등록사항의 변경 또는 등록이전신고 대상

- 소유자 변경
- 소유주의 주소지 변경
- 건설기계의 사용본거지 변경

주의! 건설기계 소재지 변동은 등록이전신고 대상이 아니다.

📋 등록의 말소

- **등록말소 사유**

  TIP! : 거짓반차 최고3천 폐교안에서 도수체조하면 등록말소된다.

  - **거짓** 그 밖에 부정한 방법으로 등록
  - 구조적 결함으로 **반**품
  - **차**대가 등록시 차대와 다른 경우
  - 정기검사 유효기간 만료 **3**개월 이내 시·도지사 **최고** 받고도 지정기한까지 정기검사 받지 아니한 경우
  - **천**재지변이나 사고로 멸실
  - **폐**기, **교**육, **안**전기준 부적합, **도**난, **수**출

- 건설기계 등록 원부는 등록말소 후 10년 동안 보존

❖ 등록말소에 해당하지 않는 것은?

① 건설기계 폐기하였을 때

② 구조변경을 했을 때 (×)

③ 차대가 등록시와 다른 경우

④ 건설기계가 멸실 되었을 때

📋 등록번호표 (국토교통부령으로 정함)

- 등록관청, 용도, 기종 및 등록번호를 표시 (연식은 표시되지 않는다)
- 신규등록 시, 시도를 달리하는 등록 이전신고 시, 등록번호 식별 곤란 시 등록번호표 제작을 통지하거나 명령하여야 한다.
- 등록번호표 제작을 통지 또는 명령은 누가하는가? 시·도지사
- 철판 또는 알루미늄 판·압형으로 외곽선 1.5mm 튀어나오게 제작한다.

등록번호표의 제작

- 등록번호표 제작자는 시·도지사로부터 지정으로 받아야 한다.
- 시·도지사로부터 제작 통지를 받은 건설기계 소유자는

  3일 이내 등록번호표 제작을 신청하면

  제작자는 신청을 받은 때로부터 7일 이내에 제작을 하여야 한다. **TIP! : 3신청 7제작**
- 지역명 및 영업용 표시 삭제
- 번호체계 8자리로 개편 (전국 동일) (예) 012가4568
- 크기는 1종류로 통일 (520X110mm)

  (2022년 11월 26일부터 시행)
- 자가용은 흰색 판에 검은색 문자
- 영업용은 주황색 판에 흰색 문자
- 관용은 흰색 판에 검은색 문자

자가용	흰색 판 검은색 문자	영업용	주황색 판 흰색 문자	관 용	흰색 판 검은색 문자
등록번호(1000~5999)		(6000~9999)		(0001~0999)	

▶영업용은 주황색 바탕에 흰색 문자
▶비영업용(자가용과 관용)은 흰색바탕에 검은색 문자

〈기종별 기호표시〉
불굴로지스 덤기모롤노

01 불도저	06 덤프트럭
02 굴삭기	07 기중기
03 로더	08 모터그레이더
04 지게차	09 롤러
05 스크레이퍼	10 노상 안정기

❖ 등록건설기계의 기종별 표시가 틀린 것?

① 01불도저

② 02굴삭기

③ 04지게차

④ 09기중기 ((×) 09번은 롤러)

❖ 등록번호표 반납 사유 발생 시 며칠이내 반납하나?
▶ 10일이내 반납

❖ 등록번호표 반납 시 누구에게 반납하나?
▶ 시·도지사

특별표지판 부착하여야 할 건설기계

- 등록번호가 표시되어 있는 면에 부착
  - 길이 16.7m 초과
  - 너비 2.5m 초과
  - 높이 4m 초과
  - 회전반경 12m 초과
  - 총중량 40톤 (축중량 10톤)
- 경고표지판은 조종실 내부에서 보기 쉬운 곳에 부착

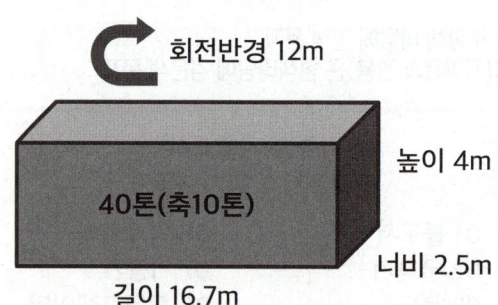

적재물 위험표지

- 안전기준을 초과하는 화물의 적재허가를 받은 자는 그 길이 또는 폭의 양끝에 너비 30cm 길이 50cm 이상의 빨간 헝겊으로된 표지를 달아야 함.

임시운행 사유

- 신개발 건설기계의 시험 연구 목적인 경우 **3년 이내** 임시 운행
- 그 외 등록전 임시운행 기간은 **15일 이내**
  등록신청 시 / 신규등록검사 시 / 수출·판매·전시를 목적으로 일시적 운행

건설기계의 범위 (27종 및 특수건설기계)

불도저, 굴삭기, 로더, 지게차, 스크레이퍼, 덤프, 기중기, 모터그레이더, 롤러, 노상안정기
콘크리트배칭플랜트, 콘크리트피니셔, 콘크리트살포기, 콘크리트믹서트럭, 콘크리트덤프
아스팔트믹싱플랜트, 아스팔트피니셔, 아스팔트살포기, 골재살포기, 쇄석기, 공기압축기
천공기, 항타 및 항발기, 자갈채취기, 준설선(비자항식), 타워크레인
그 밖에 국토교통부장관이 따로 정하는 특수건설기계

정기검사

- 정기검사 유효기간
  ❖ **타워크레인 6개월**
  ❖ **타이어식 굴삭기**, 덤프트럭, 기중기, 콘크리트믹서, 아스팔트 살포기 **1년**
  ❖ 로더, 지게차, 모터그레이더, 천공기 **2년**
  ❖ 그 밖의 건설기계 **3년 (ex 무한궤도 굴삭기)**

> ❖ 검사유효기간 만료 후에 계속 운행하고자 할 때 어느 검사를 받아야 하는가?
>   – **정기검사**
> ❖ 1톤지게차의 정기검사 유효기간은? **2년**
> ❖ 건설기계 **신규등록 검사**는 **검사대행자**가 한다.

▣ 정기검사 신청

- 검사 유효기간 만료일 전후 각각 30일 이내에 신청
- 검사신청을 받은 시도지사 또는 검사대행자는 5일 이내에 검사일시와 장소 통지
- 정비업소에서 제동장치에 대해 정기검사에 상당하는 정비를 받은 경우 정기검사에서 그 부분의 검사를 면제 받을 수 있다. 이 경우 제동장치 정비확인서를 제출해야 한다.

▣ 정기검사의 연기

- 정기검사 연기 기간은 6월 이내
  - ❖ 해외임대를 위해 일시반출 : 반출기간 내
  - ❖ 압류된 건설기계 : 압류기간이내
  - ❖ 대여업을 휴지하는 경우 : 휴지기간 이내
  - ❖ 타워크레인 천공기 해체된 경우 : 해제되어 있는 기간 이내

- 검사 연기신청을 받은 시도지사 또는 검사 대행자는
  연기 신청일로부터 5일 이내 연기 여부를 결정하여 신청인에게 통지
- 연기 불허 통지를 받은 자는
  검사신청기간 만료일부터 10일 이내에 검사신청 해야한다.

▣ 정기검사의 최고

- 시·도지사는 건설기계 소유자에게 정기검사 유효기간 만료된 날로부터
  3개월 이내에 정기검사 받도록 최고한다. **TIP!** : 최고삼~

건설기계의 구조변경

- **건설기계의 구조변경 범위는**
  - 건설기계의 길이, 너비, 높이 변경
  - 원동기 형식변경, 동력전달장치, 주행장치, 제동장치, 유압장치, 조종장치, 조향장치, 작업장치의 형식변경
  - 수상 작업용 건설기계 선체의 형식 변경

- **구조변경 범위에 속하지 않는 것**
  - 적재함 용량 증가를 위한 구조변경
  - 건설기계의 기종변경
  - 육상 작업용 건설기계의 규격 증가

- 구조 변경 검사는 변경 / 개조한 날부터 20일 이내에 신청해야 함

수시검사

- 성능이 불량하거나 사고가 자주 발생하는 건설기계의 안전성을 점검하기위해 수시로 실시 또는 소유자의 신청을 받아 실시
- 시·도지사는 수시검사 명령 시 검사일 10일 이전에 명령서를 교부한다.

검사대행자

- 국토부장관은 시설과 기술을 갖춘 검사대행자를 지정할 수 있다.
- 검사대행자 신청서 첨부서류 **TIP! : 규시기**
  - 검사업무**규**정안
  - **시**설보유증명서
  - **기**술자보유증명서
    (but 장비보유 증명서 필요 없다.)

- 우리나라 정기검사 대행기관 - **건설기계안전관리원**

- 검사소 이외의 장소에서 **출장검사를 받을 수 있는 경우**는?
  - ❖ 도서지역
  - ❖ 너비 2.5m 초과
  - ❖ 차제중량 40톤 초과
  - ❖ 축중 10톤 초과
  - ❖ 최고속도 시간당 35km 미만인 경우

- **출장검사 불가, 검사장에서 검사** 받아야 하는 건설기계는?
  - 덤프, 믹서, 트럭적재식 콘크리트펌프, 아스팔트 살포기

조종사 면허 종류

- ❖ 불도저 / 5톤미만 불도저
- ❖ 굴삭기 / 3톤미만 굴삭기
- ❖ 로더 / 3톤미만 로더 / 5톤미만 로더
- ❖ 지게차 / 3톤미만 지게차
- ❖ 천공기(항타,항발기) / 5톤미만 천공기
- ❖ 타워크레인 / 3톤미만 타워크레인
- ❖ 기중기 / 롤러 / 콘크리트펌프 / 쇄석기 / 공기압축기 / 준설선

자동차1종대형면허로 조종가능 건설기계

덤프트럭, 믹서트럭, 콘크리트 펌프카, 아스팔트 살포기
천공기 (트럭적재식), 노상안정기
(콘크리트 살포기는 조종할 수 없다)

소형건설기계 조종면허

- 시도지사가 지정한 교육기관에서 교육 마친 경우 발급

- **교육시간**
  - ❖ **3톤 미만 굴삭기, 지게차, 로더**
    - 이론 6시간, 실습 6시간 총 12시간
  - ❖ **3톤이상 5톤미만 로더, 5톤 미만 불도저**
    - 이론 6시간, 실습 12시간 총 18시간

> ❖ 건설기계 조종사 면허와 관련된 사항으로 틀린 것은?
> ① 자동차운전면허로 운전할 수 있는 건설기계도 있다.
> ② 면허를 받고자 하는 자는 국공립병원, 시도지사가 지정하는 의료기관의 적성검사에 합격하여야 한다.
> ③ 특수건설기계 조종은 국토해양부장관이 지정하는 면허를 소지하여야 한다.
> ④ 특수건설기계 조종은 특수조종면허를 받아야 한다. (X)

조종면허 적성검사 기준

- **시력 : 두 눈 뜨고 0.7, 각각 0.3 이상**
- **청력 : 55데시벨**
- **언어분별력 80% 이상**
- **시각 : 150도 이상**
- **정신질환자, 마약, 알콜중독자 아닐 것**
- **정기적성검사 : 10년마다 (65세이상은 5년마다)**
- **수시적성검사 : 장애 사유 발생 시**

건설기계 검사기준 〈제동장치 제동력〉

- 모든 축 제동력 합이 축중(빈차)의 50%이상일 것
- 동일 차축 좌우 바퀴 제동력 편차는 축중 8%이내일 것
- 주차제동력의 합이 빈차중량의 20%이상일 것

건설기계 검사기준 〈원동기 성능〉

- 작동상태에서 심한 진동 / 이상음 없을 것
- 원동기 설치 상태가 확실할 것
- 배출가스 허용기준에 적합할 것
- 건설기계 제작자로부터 별도 계약 없는 경우
- 무상A/S 법정기간은 12개월

건설기계 사업

- 건설기계 대여업 / 건설기계 정비업 / 건설기계 매매업 / 건설기계 폐기업
- 대통령령으로 정하며 시·군·구청장에게 등록 ★★★

❖ 매매업 등록을 하고자 하는 자의 구비서류로 맞는 것은?
① 하자보증금 예치증서 또는 보증보험증사
② 건설기계 매매업등록필증
③ 건설기계 등록증
④ 건설기계 보험증서

해설 : 매매업 등록 시 구비서류
✓ 하자보증금 예치증서 또는 보증보험증서
✓ 사무실 증명서
✓ 주기장시설보유서

건설장비 정비업

- 종합 / 부분 / 전문 건설기계 정비업 TIP! : 이게 전부종~
- 종합 정비업 사업범위 : 롤러. 링크. 트랙슈의 재생, 프레임조정
  변속기 분해정비, 엔진 탈부착 및 정비
- 부분 정비업 사업범위 : 프레임조정, 롤러.링크.트랙슈 재생을 제외한 차체
- 전문 정비업 사업범위 : 유압정비업, 원동기 전문 정비업으로 나뉜다.
- 원동기 정비업은 유압장치 정비할 수 없다.

면허 취소 & 면허 정지(1년이내)-시군구청장

- 고의로 사망 중상 경상 - 면허취소
- 사망 1명 정지 45일
- 중상 1명 정지 15일 (중상이란? 3주 이상 치료 필요한 부상)
- 경상 1명 정지 5일
- 재산피해 50만원 당 정지 1일 (90일 최대 4500만원)
- 술에 취한 상태 (혈중 알코올농도 0.03%이상~0.08%미만)에서 조종했다
  면허정지 60일
- 고의 또는 과실로 가스공급시설 손괴 또는 장애를 일으켜 가스공급을 방해한 때
  면허정지 180일

면허 취소 사유

- 거짓 부정 방법으로 면허취득 - 취소
- 음주 후 조종으로 죽거나 다치게 했다 - 취소
- 정신미약자, 마약, 알콜중독 - 취소
- 만취(혈중알콜0.08%) 상태로 조종 - 취소
- 2회이상 음주로 면허정지 상태에서 다시 음주 후 조종한 때 - 취소
- 약물투여 후 조종 - 취소 / 면허정지기간 중에 조종했다 - 취소
- 면허증을 타인에게 대여했다 - 취소

면허증의 반납

- **면허가 취소되면 사유가 발생한 날로부터 10일 이내 면허증 반납**
  ① 면허가 취소된 때
  ② 면허효력이 정지된 때
  ③ 분실로 재교부 받은 후 분실했던 면허증 발견했을 때 면허증 반납
     (but 해외 이주로 출국 시 반납의무 없음)

벌칙

- **과태료**

  ❖ **2만원**

  정기검사, 정기, 수시 적성검사 받지 않고 만료된 지 30일 이내다.

  ❖ **50만원**

  ① 임시번호판 미부착 운행 했다.
  ② 등록 변경 신고 안하거나 거짓으로 했다.
  ③ 등록 말소 신청 안했다.
  ④ 등록번호판 반납 안했다.
  ⑤ 공영주기장 설치 위반하여 건설기계를 세워둔 자

  ❖ **100만원**

  등록번호 부착, 봉인, 새기지 않은 자와 그것을 운행한 자

❖ **1년1천 (1년 이하 징역 또는 1천만원 이하의 벌금)**
　① 거짓 부정 등록
　② 등록번호 지워 없애 식별 곤란
　③ 정비 명령 불이행
　④ 구조변경검사나 수시검사 받지 않은 자
　⑤ 조종사 면허 없이 조종한 자
　⑥ 조종면허 취소 후 계속 조종
　⑦ 건설기계를 도로나 타인 토지에 방치
　⑧ 폐기 인수 증명 서류 발급 거부, 거짓 발급
　⑨ 폐기요청 미이행, 조종면허 부정 취득
　⑩ 조종교육 이수 증빙서류 거짓 발급

❖ **2년2천 (2년 이하 징역 또는 2천만원 이하의 벌금)**
　① 등록 안된 건설기계 사용 / 운행
　② 등록 말소 건설기계 사용 / 운행
　③ 등록 없이 건설기계 사업을 한 자
　④ 등록 취소 / 정지된 사업자로 계속 건설기계 사업을 한 자
　⑤ 시·도지사로부터 지정받지 않고 등록번호판 제작 / 새긴 자
　⑥ 법규 위반해 주요구조장치 변경 / 개조한 자

❖ **과태료 처분 불복 시 고지받은 날부터 60일 이내에 이의 제기해야한다. ★★★**
❖ **통고처분 수령거부하거나 범칙금을 기간 안에 납부하지 못한 자는 즉결 심판에 회부**한다.

2 도로교통법

▣ 주요 용어 및 빈출키워드

- **안전지대**는?
  도로를 횡단하는 보행자나 통행하는 차마의 안전을 위하여
  안전표지 등으로 표시된 도로의 부분

- 자동차의 승차정원은? 등록증에 기재된 인원이다.
- 자동차 전용도로는? 자동차만 다닐 수 있도록 설치된 도로다.

- 같은 방향으로 가고 있는 앞차의 뒤를 따를 때 갑자기 정지 시
  충돌 피할 수 있도록 확보하는 거리는 안전거리다. (제동거리 (×))

- 해상도로법의 항로는 도로교통법상의 도로가 아니다.

- 장비로 교량을 주행할 때는
  장비중량, 교량의 폭, 통과하중을 고려한다. (신속히 통과한다 (×))

- 긴급자동차는?
  소방자동차, 구급자동차, 혈액공급차량
  국군이나 연합군 긴급차에 유도되고 있는 차
  (긴급배달 우편물 운송차에 유도되고 있는 차 (×))

- 통행의 우선순위는? 긴급자동차 - 일반자동차 - 원동기장치 자전거 순
- 긴급자동차 외 자동차 서로 간의 우선순위는 최고속도 순서다.

- 중앙선이 설치된 도로에서 차마는 중앙선 우측으로 통행한다.

- 도로의 중앙이나 좌측 부분을 통행할 수 있는 경우는?
  도로파손 시, 도로공사 시 또는 우측부분을 통행할 수 없을 때

- 일방통행에서 도로 중앙 좌측으로 통행하는 것은 위반이 아니다.

- 도로공사 등으로 장애물이 있을 때는
  진로변경 금지된 곳에서 진로변경을 할 수도 있다.

- 비탈진 좁은 도로에서는 내려가는 차 우선이다.
  (올라가는 차가 우측 가장자리로 양보)

- 비탈진 좁은 도로에서
  화물적재차량이나 승객 탑승한 차가 빈차보다 우선한다.
  (빈차가 우측 가장자리로 양보)

- 편도 4차로 일반도로 교차로30m 전방에서 우회전을 하려면?
  ★ 4차로로 통행한다.

- 자동차 전용 편도 4차로도로에서
  굴삭기와 지게차는 3. 4차로로 주행한다.

- 횡단보도, 교차로, 철길 건널목에는 차로를 설치할 수 없으며
  너비는 3m이상으로 해야하나, 부득이한 경우 275cm이상으로 할 수 있다.

- 승차인원과 적재중량 관하여
  안전기준 넘어 운행하고자 할 때 누구에게 허가 받아야? 출발지 경찰서장

- 1년 벌점 누산 점수 121점 이상이면? 운전면허 취소

- 교통사고를 내고 도주하는 차량을 신고 시
  벌점상계 특혜점수는 40점

- **타이어식 건설기계 좌석 안전띠는**
  최소 **30km/h이상일 때 설치**해야한다.

- **총중량 2톤 미만인 차를 중량이 3배 이상의 차로 견인 시 규정속도는?**
  시속 30km이내 (그 외의 경우 및 이륜자동차가 견인 시 시속 25km이내)

감속 기준

- 비가내려 노면이 젖은 경우나 눈 20mm미만 쌓인 경우
  ⇨ 100분의 20 감속
- 노면이 얼어붙거나 폭우.폭설.안개로 가시거리 100m이내일 때
  눈이 20mm 이상 쌓인 경우 ⇨ 100분의 50 감속

앞지르기 금지

- **앞지르기 금지장소**
  ① 교차로
  ② 터널안 다리위
  ③ 경사로 정상부근, 급경사의 내리막길
  ④ 도로 구부러진 곳 (모퉁이)
  ⑤ 앞지르기 금지 표시가 있는 곳

- **앞지르기 금지 상황**
  ① 앞차 좌측에 다른차가 나란히 진행 시
  ② 앞차가 다른차 앞지르고 있을 때
  ③ 앞차가 좌측으로 진로를 바꾸려고 할 때
  ④ 마주오는 차의 진행을 방해할 우려가 있을 때

일시정지 장소

① 교통정리 하고 있지 않은 곳
② 좌우 확인 불가능한 곳
③ 교통이 빈번한 교차로

서행해야 할 장소

① 교통정리 하고 있지 않는 교차로
② 도로가 구부러진 곳
③ 비탈길 고갯마루, 가파른 내리막길
④ 안전표지로 지정한 곳

교차로 통과방법

- **교차로에서 진로변경 시**
  가장자리 이르기 전 **30m 이상** 지점으로부터 방향지시등을 켠다.

- **교차로 부근에서 긴급자동차가 접근 시**
  교차로를 피하여 우측 가장자리에 일시정지 한다.
  (교차로 우측단 일시정지 (×), 그대로 진행 (×))

- **교통정리가 행하여지고 있지 않는 교차로에서**
  우선순위 같은 차량이 동시에 교차로 진입한 때 우측 도로의 차가 우선한다.

- **신호등이 없는 교차로에서**
  좌회전하려는 버스와 그 교차로에 진입하여 직진하고 있는 건설기계가 있을 때
  우선권은 건설기계에 있다.
  (교차로에서는 먼저 진입하여 진행하고 있는 차가 우선권을 가진다.)

철길건널목 통과 방법

- 앞지르기 금지, 부근 주정차 금지,
- 반드시 일시정지 후 안전함을 확인한 후 통과한다.
- 다만, 신호기가 표시하는 신호에 따르는 경우에는 정지하지 않고 통과할 수 있다.
  (일시정지 표시 없을 때는 서행하면서 통과한다. (×))

주정차 금지장소

- 교차로, 도로모퉁이로부터 5미터 이내,
- 안전지대 10미터 이내, 버스정류장 10미터 이내
- 횡단보도, 건널목 10미터이내에서는 주정차 금지
  But 경사로 정상부근은 주정차 금지되어 있지 않다.

- 주차금지 장소
  터널안, 다리위 및 소방시설(소화, 경보, 피난 설비) 5미터이내
  도로 공사 시 공사구역 양쪽 가장자리

교통신호

- 신호등 신호순서

적 황 녹색화살표 녹색의 4색 등화의 신호 순서는
녹색 ➡ 황색 ➡ 적색 및 녹색화살표 ➡ 적색 및 황색 ➡ 적색

적 황 녹의 3색 등화의 신호순서는
녹색(적색 및 녹색 화살표) ➡ 황색 ➡ 적색

- 신호 중 경찰관의 수신호가 가장 우선
- 서행 신호는 팔을 차체 밖으로 내어 45도 위아래로 펴서 흔드는 것

- 운전자는 진행방향 변경 시 회전신호는 회전하려는 지점의 30m 전에서 한다.
- 교차로 전방 20m 지점에 이르러 황색등화로 바뀌었다면?
  정지할 조치를 취하여 정지선에 정지한다. (주의하면서 진행한다 (×))

- 야간 등화
  ❖ 야간에 주정차 시 등화는 차폭등, 미등 TIP! : 폭미
  ❖ 야간에 견인되는 차는 차폭등, 미등, 번호등 TIP! : 폭미번
  ❖ 마주오는 차의 눈부심을 막기 위해 전조등 변환빔을 하향으로 한다.
  ❖ 최고속도 15km 미만의 타이어식 건설기계는 반드시 후부반사기를 갖춘다.

교통사고 처리 특례 12개 항목

① 신호 지시 위반 시고
② 중앙선 침범사고 (고속도로 횡단 유턴 후진 포함)
③ 제한속도 초과 속도위반 사고
④ 앞지르기 위반 시고
⑤ 철길건널목 통과위반 사고
⑥ 횡단보도 보행자보호의무 위반사고
⑦ 무면허 운전사고
⑧ 음주운전사고
⑨ 보도침범사고
⑩ 승객추락방지의무(개문발차) 위반
⑪ 어린이보호구역(스쿨존) 의무 위반사고
⑫ 화물고정조치 위반 사고

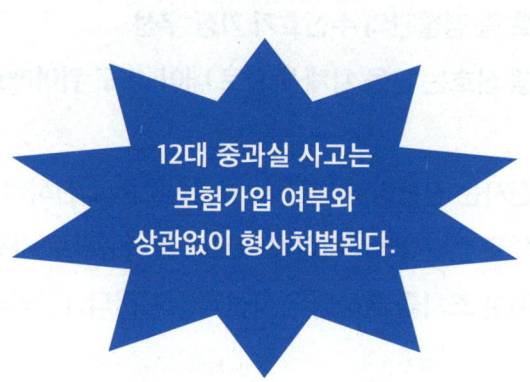

12대 중과실 사고는 보험가입 여부와 상관없이 형사처벌된다.

운전면허와 운전가능 차량

- **1종 대형 면허** - 덤프, 믹서, 콘크리트펌프, 천공기(트럭적재식)
  아스팔트살포기, 노상안정기, 3톤 미만
  3톤미만 지게차 (도로운행용만)
  (지게차 운행 가능하다 (×), 골재살포기 (×), 콘크리트 살포기 (×))

- **1종 보통 면허** - 15인승 이하 승합차, 12인승 이하 긴급자동차
  적재중량 12톤 미만의 화물자동차
  총중량 10톤 미만의 특수자동차(트레일러 및 레커제외)

- **2종 보통 면허** - 10인승 이하 승합차, 적재중량 4톤 미만의 화물자동차
  총중량 3.5톤 미만의 특수자동차(트레일러 및 레커제외)

교통안전 표지 종류 [지규주보노]

★★★ **지**시표지, **규**제표지, **주**의표지, **보**조표지, **노**면표지 ★★★

도로중앙선

- 도로중앙선은 황색의 실선 또는 황색 점선으로 되어있다.
- 도로중앙선이 황색실선과 황색점선인 복선으로 되어있을 때 점선쪽에서만 중앙선을 넘어 앞지르기 할 수 있다.

도로명주소

➢ 양재대로 : 도로이름
➢ 1 : 도로의 시작점을 의미
➢ 300 : 양재대로는 3km임을 나타냄

- 대로 : 도로 폭이 40m 이상 또는 왕복 8차선 이상인 도로
- 로 : 도로 폭이 12m 이상 40m 미만 또는 왕복 2차로 이상 8차로 미만인 도로
- 길 : <대로>와 <로> 이외의 도로

❖ 도로구간은 서쪽에서 동쪽, 남쪽에서 북쪽으로 설정한다.

좌회전 시 충정로의 끝지점,
우회전 시 새문안길 시작지점으로 간다.

7. 안전관리

▣ 재해와 재해예방

- 재해란? 사고의 결과로 인한 인명피해와 재산 손실
- 산업재해란? 근로자가 업무에 관계되는 원인, 작업, 업무로 인해
  사망, 부상, 질병에 걸리는 것

- **산업안전 3요소** : 기술적, 교육적, 관리적 요소
- **재해예방 4원칙** : 예방가능, 손실우연, 원인계기, 대책선정

- 폐기물은 정해진 위치에 모아두고, 공구는 정해진 장소에 둔다.
- 소화기 근처나 통로, 창문에는 물건을 적재하지 않는다.

- 건설산업 현장에서 재해 발생 원인은?
  불안전 행위(행동) 1위 / 불안전 조건 2위 / 불가항력 3위

▣ 사고 원인의 구분

- **[직]직접적 원인 / [간]간접적 원인**
  안전의식 부족(직) / 작업자체의 위험성(직)
  불안전한 조명(직) / 방호장치 결함(직) / 안전수칙 미준수(직)
  작업자의 피로(생리적원인 - 직) / 안전교육 부족(간) (작업의 용이성 (×))

▣ 사고의 직접적 원인

① 불안전행동 (당사자 인적요인)
② 불안전한 작업태도, 위험장소 출입
③ 작업자의 실수, 안전수칙 미준수

④ 보호구 미착용, 작업자의 피로
⑤ 불안정한 환경
⑥ 기계의 결함, 방호장치의 결함
⑦ 불안전한 조명, 안전장치의 미흡

사고의 간접적 원인

① 안전교육 미비, 안전수칙 미수립
② 작업 중 안전관리 미흡
③ 가정환경, 사회불만 등
④ 직접원인 외의 요인

❖ 작업자는 작업 시 **안전수칙, 작업량, 기계공구 사용법을 숙지** 해야한다.
  (but 경영관리 파악은 작업자가 해야할 사항이 아니다.)

산업재해 분류 〈경상해와 중경상〉

- 경상해 : 부상으로 1일~7일 이하 노동상실
- 중경상 : 부상으로 8일 이상 노동상실
- 무상해 : 응급처치 이하 상처 작업 종사하면서 치료 가능한 정도

❖ 응급처치 시 올바른 것은? 의식확인, 상처보호, 출혈 시 지혈한다. (격리한다 (×))

굴착작업 시 주의사항

- **도시가스 압력**
  ❖ 고압 : 1MPa 이상
  ❖ 중압 : 01MPa 이상 1MPa 미만
  ❖ 저압 : 0.1MPa 미만

- **도시가스 배관 지하 매설 깊이**
  - ❖ 폭 8m 이상 도로 : 1.2m 이상
  - ❖ 폭 4m 이상 8m 미만 도로 : 1m 이상
  - ❖ 공동주택 부지 내 0.6m 이상

- **도시가스배관 지하 매설 시**
  상수도관 등 다른 시설물과 이격거리는 30cm 이상

- **도시가스배관 매설 시**
  라인마크는 배관길이 50cm마다 설치

- **가스배관 매설위치 확인 시**
  배관주위 1m 이내는 인력으로 굴착

- **굴착공사 중 0.3m 깊이에서 물체발견 시**
  이것은 도시가스 배관을 보호하는 보호관

- **시가지 도로 밑에 가스배관 매설 시 노면으로부터 배관의 외면까지**
  1.5m 이상으로 해야 하며, 시가지 외의 지역은 1.2m 이상으로 한다.

- **도로굴착 시 가스배관이 20m 이상 노출**되면
  가스누출경보기를 20m마다 설치해야 한다.

- 도시가스 공급지역 굴착 시 그림과 같은 판 발견했다면 이것은 보호판이다.

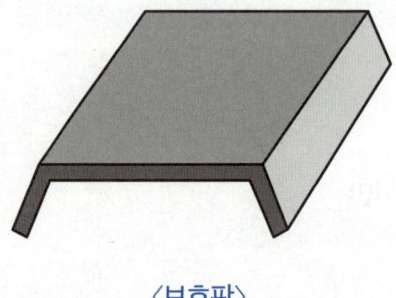

〈보호판〉

▣ 전기안전

〈애자 / 완금〉

- 교류전기가 **600V 초과**하면 **고전압**이라 한다.
- 전선로 부근에서 건설기계로 작업 시

  사전에 인근 설비관련 소유자 또는 관리자에게 연락한다. (시군구청 (×), 경찰서 (×))
- 절연을 위해 전선을 기계적으로 고정시키기 위해 철탑의 완금에 설치하는 것은? **애자**
- 고압케이블의 **지하매설법 : 직매식, 관로식, 전력구식** (궤도식 (×))
- **고압선 위험표지시트의 직하에는 전력케이블 묻혀있다!**

  (굴착 중 발견 시 **즉시 굴착 중지하고 해당 시설기관에 연락**)

- 지중전선로 **직접 매설식의 최소 토관깊이는 0.6m 이상**

- **차도에서 전력케이블은 1.2~1.5m 깊이에 매설**

- 육안으로 봤을 때 고압전선인가 무엇을 보고 판단하나?
  - 현수애자의 개수로 판단

    (2~3개 22.9kV / 4~5개 66kV / 9~10개 154kV)

🔹 작업장 안전

- 연소의 3요소 : **가연성물질, 산소(공기), 점화원**

- 재해의 복합발생 원인

  재해는 **환경, 사람, 시설의 결함**이 복합되어 발생한다! (품질의 결함 (×))

- 재해발생 응급조치 순서

  운전정지 - 구조 - 응급처치 - 2차 재해방지

  ❖ 엔진을 정지, 운전정지가 제일 먼저다.

- 사고발생 가능성을 **미연에 제거**하는 것이 **안전관리의 최우선 목표!**
- 선풍기에는 망 또는 울을 씌워 날개에 의한 위험을 방지한다.

  (역회전, 과부하방지장치한다 (×))

- 먼지가 많이 발생하는 장소에서 착용해야하는 마스크는? **방진마스크**
- 동력전달 장치에서 **가장 재해가 많이 발생**하는 것은? **벨트** [차축 (×) 피스톤 (×)]
- **장갑**을 끼고 작업할 때 **위험**한 것은? **드릴작업, 해머작업**
- 드라이버 작업 시 작은 공작물은 손으로 잡고 작업한다 (×)
- 정 대신 드라이버를 사용한다 (×)
- 연삭작업 시 위험요소는 비산입자, 손이 말려 들어감, 회전숫돌 파손

🔹 화재분류 [에일 비유 씨전 디금]

- **A**급 : **일**반 가연성물질 - 포말, 산알칼리 소화기
- **B**급 : **유**류 및 가스 - 모래, 방화커튼 등 질식소화

  포말, 분말, CO_2, 할론 소화기

  (물을 뿌리면 안된다)

- **C**급 : **전**기 - CO_2소화기, 분말소화기, 할론소화기 (포말소화기 (×))
- **D**급 : **금**속 - 건조모래, 흑연, 장석분 (물을 뿌리면 안된다)
- **K**급 : 주방화재 - K급소화기

핵심기출

❖ 감전재해 발생 시 응급조치로 틀린 것은?
▶ 피해자 구출 후 상태가 심할 경우 인공호흡 등 응급조치를 한 후 작업에 임하도록 한다. (×)
▶ 심폐소생술 등 응급조치 후 즉시 병원으로 이송한다. (○)

❖ 안전보건표지를 제작할 때 규격과 거리가 가장 먼 것은?
① 모양　② 색깔
③ 내용　④ 표지판 재질

❖ 기계의 회전부위에 덮개를 설치하는 목적은?
① 좋은 품질을 위해
② 회전속도 향상
③ 제품제작과정의 보안
④ 회전부위 신체접촉 방지 (○)

❖ 22.9kV 배전선로에 접근하여 굴삭작업시 안전관리상 맞는 것은?
▶ 전력선이 활선인지 확인 후 안전조치 상태에서 작업한다.

❖ 작업장의 전기가 예고없이 정진이 되었을 때 전기로 작동하는 기계기구의 조치 방법으로 옳지 않은 것은?
① 즉시 스위치를 끈다.
② 퓨즈의 단선유무를 검사한다.
③ 안전을 위해 작업장을 정리해 둔다.
④ 전기가 들어오는 것을 알리기 위하여 스위치를 켜둔다.

❖ 화재예방 조치로 옳지 않은 것은?
① 유류취급 장소에는 방화수를 준비한다.
② 가연성 물질은 인화위험성이 있는 장소를 피한다.
③ 흡연은 정해진 장소에서만 한다.
④ 화기는 정해진 장소에서만 취급한다.

❖ 수공구를 이용 일상정비 시 **부적절한 사항**은?

① 수공구는 서랍 등에 잘 정리 정돈 한다.

② 수공구는 용도 외에 사용하지 않는다.

③ 수공구로 작업 시 손에서 놓치지 않도록 주의한다.

④ 작업속도를 빠르게 하기위해 장비 위에 올려놓고 사용한다.

❖ 유해광선으로 눈에 이상이 생겼을 때는

▶ 냉수로 씻어낸 냉수포를 얹거나 병원에 간다. (○)

(알코올, 과산화수소로 씻는다. (×))

❖ 알칼리 또는 산성세척유가 눈에 들어갔을 때는

▶ 먼저 수돗물로 씻어낸다. (○)

❖ 소화 작업의 기본요소가 **아닌 것**은?

① 가연성 물질제거

② 산소 차단

③ 점화원 냉각

④ 연료를 기화시킨다.

❖ 유류 화재 시 소화방법으로 **가장 부적절한 것**은?

▶ 물을 부어 끄는 것!

❖ 안전관리의 근본 목적으로 가장 적합한 것은?

① 생산과정의 효율화

② 생산량 증대

③ 생산시설의 고도화

④ 근로자의 생명과 신체의 보호 (○)

❖ 현장 작업자가 실시하는 안전점검과 가장 거리가 먼 것은?

① 장비 및 공구의 상태

② 안전보호구의 적정성 여부

③ 작업장 정리 정돈

④ 안전에 대한 방침수립 및 상황보고

❖ 산소 아세틸렌 가스용접의 토치점화 시

▶ 토치의 에세틸렌 밸브를 먼저 연다.

(산소밸브 먼저연다 (×), 동시연다 (×))

❖ 볼트 등을 조일 때 조이는 힘을 측정하기 위해 쓰는 렌치는?

① 토크렌치 (○)

② 오픈엔드 렌치

③ 소켓렌치

④ 복스렌치

❖ 복스렌치가 오픈렌치보다 많이 사용되는 이유는?

① 볼트, 너트 주위를 완전히 감싸 사용 중 미끄러지지 않는다. (○)

② 파이프 피팅 조임 등 작업 용도가 다양하다.

③ 가볍고 양손으로 모두 사용가능하다.

④ 값이 싸며 적은 힘으로 작업 할 수 있다.

소켓렌치	토크렌치
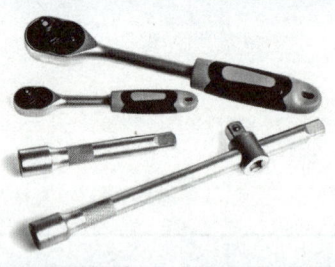	
복스렌치	오픈렌치
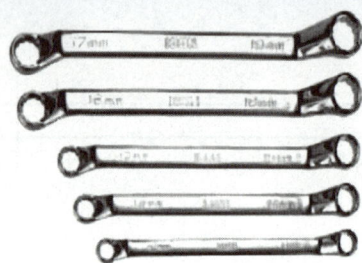	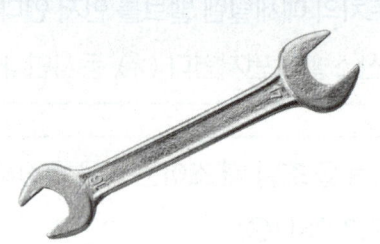

▣ 산업안전표지 [암기! 안경금지!]

- **안**내표지 : 바탕은 녹색 - 그림은 흰색 (또는 바탕은 흰색 - 그림은 녹색)
- **경**고표지 : 바탕은 노란색, 기본 모형, 부호 및 그림은 검정색 (예외 있음)
- **금**지표지 : 바탕은 흰색, 기본 모형은 빨간색, 부호 및 그림은 검정색
- **지**시표지 : 바탕은 파랑, 기호는 흰색

1 금지표지	101 출입금지	102 보행금지	103 차량통행금지	104 사용금지	105 탑승금지	106 금연	107 화기금지
108 물체이동금지	2 경고표지	201 인화성물질경고	202 산화성물질경고	203 폭발성물질경고	204 급성독성물질경고	205 부식성물질경고	206 방사성물질경고
207 고압전기경고	208 매달린물체경고	209 낙하물경고	210 고온경고	211 저온경고	212 몸균형상실경고	213 레이저광선경고	214 발암성·변이원성·생식독성·전신독성·호흡기과민성 물질 경고
215 위험장소 경고	3 지시표지	301 보안경착용	302 방독마스크착용	303 방진마스크착용	304 보안면착용	305 안전모착용	306 귀마개착용
307 안전화착용	308 안전장갑착용	309 안전복착용	4 안내표지	401 녹십자표지	402 응급구호 표지	403 들것	404 세안장치
405 비상용 기구	406 비상구	407 좌측비상구	408 우측비상구	5 관계자외 출입금지	501 허가대상물질작업장 관계자외 출입금지 (허가물질 명칭) 제조/사용/보관중 보호구/보호복 착용 흡연및 음식물 섭취 금지		502 석면취급/해체작업장 관계자외 출입금지 석면 취급/해체중 보호구/보호복 착용 흡연및 음식물 섭취 금지
503 금지대상물질의 취급 실험실 등 관계자외 출입금지 발암물질 취급중 보호구/보호복 착용 흡연및 음식물 섭취 금지	6 문자 추가시 예시문	화기엄금	- 내 자신의 건강과 복지를 위하여 안전을 늘 생각한다. - 내 가정의 행복과 화목을 위하여 안전을 늘 생각한다. - 내 자신의 실수로써 동료를 해치지 않도록 안전을 늘 생각한다. - 내 자신이 일으킨 사고로 인한 회사의 재산과 손실을 방지하기 위하여 안전을 늘 생각한다. - 내 자신의 방심과 불안전한 행동이 조국의 번영에 장애가 되지 않도록 하기 위하여 안전을 늘 생각한다.				

02

굴착기기능사

자주 나오는 빈출 모의고사 문답 암기

1. 빈출 모의고사 문답암기 문제형 1회
2. 빈출 모의고사 문답암기 문제형 2회
3. 빈출 모의고사 문답암기 문제형 3회
4. 빈출 모의고사 문답암기 문제형 4회
5. 빈출 모의고사 문답암기 문제형 5회

빈출 모의고사 문답암기 문제형 1회

001

냉각장치의 수온조절기가 완전히 열리는 온도가 낮을 경우 가장 적절한 것은?

① 엔진의 회전속도가 빨라진다.
② 엔진이 과열되기 쉽다.
③ 워밍업 시간이 길어지기 쉽다.
④ 물 펌프에 부하가 걸리기 쉽다.

해 수온조절기는 냉각수 수도꼭지!라 생각하자. 낮은 온도에서 열려버리면 엔진온도가 올라가는 시간이 길어진다.

002

유압 브레이크에서 잔압을 유지시키는 역할을 하는 것과 관계있는 것은?

① 피스톤 핀　　② 부스터
③ 첵 밸브　　　④ 실린더

해 방향제어 밸브로 유압흐름을 한쪽 방향으로만 설정하고 잔압유지시키는 역할을 하는 밸브는 체크밸브다.

003

굴착기 운전 시 작업안전 사항으로 적합하지 않은 것은?

① 굴삭하면서 주행하지 않는다.
② 안전한 작업 반경을 초과해서 하중을 이동시킨다.
③ 작업을 중지할 때는 파낸 모서리로부터 장비를 이동시킨다.
④ 스윙하면서 버킷으로 암석을 부딪쳐 파쇄하는 작업을 하지 않는다.

004

토크 변환기에 사용되는 오일의 구비조건으로 맞는 것은?

① 비중이 작을 것　　② 비점이 낮을 것
③ 착화점이 낮을 것　④ 점도가 낮을 것

해 토크 변환기(토크 컨버터) 오일의 구비조건
(유체 클러치 오일도 동일)

① 점도가 낮을 것　　② 비중이 클 것
③ 착화점이 높을 것　④ 내산성이 클 것
⑤ 유성이 좋을 것　　⑥ 비등점(비점)이 높을 것
⑦ 응고점이 낮을 것　⑧ 윤활성이 클 것

005

펌프가 오일을 토출하지 않을 때의 원인으로 틀린 것은?

① 오일탱크의 유면이 낮다.
② 흡입관으로 공기가 유입된다.
③ 오일이 부족하다.
④ 토출 측 배관 체결볼트가 이완되었다.

해 오일부족, 공기유입은 오일토출 장애의 원인이 되나, 토출 측 배관 체결 볼트 이완은 관련이 없다

006

무한궤도식 굴착기의 부품이 아닌 것은?

① 센터조인트　② 스프로킷
③ 자재이음　④ 주행모터

해 (십자축)자재이음은 유니버설조인트라 하고, 휠형(타이어형) 굴삭기의 동력전달 축에 사용된다.

007

양축 끝에 십자형의 조인트를 가지며, 중간 혹은 Y형의 원통으로 되어 있고, 그 양끝의 각 축에 십자축이 설치되어 있는 조인트는 무엇인가?

① 파빌레 조인트
② 스파이서 그랜저 조인트
③ 트랙터 조인트
④ 벤딕스 조인트

〈스파이서 그랜저 조인트〉

008

타이어식 굴착기의 브레이크 파이프 내에 베이퍼 록이 생기는 원인이다. 관계없는 것은?

① 드럼의 과열
② 지나친 브레이크 조작
③ 잔압의 저하
④ 라이닝과 드럼의 간극 과다

해 베이퍼 록 현상은 긴 내리막에서 과도한 브레이크 사용 시 드럼과 라이닝 간격이 좁아져 끌림이 발생하고, 브레이크 오일이 마찰열로 인해 끓어오르며 (비등) 기포가 발생하여 브레이크 작동이 원활히 되지 않는 현상이다.

009

건설기계의 임시운행 사유가 아닌 것은?

① 확인검사를 받기 위하여 건설기계를 검사장소로 운행하는 경우
② 신규등록검사를 받기 위해 검사장소로 운행하고자 할 때
③ 신개발 건설기계를 시험·연구의 목적으로 운행하고자 할 때
④ 말소등록을 하기 위하여 운행하고자 할 때

해 건설기계 임시운행 사유
- 신개발 건설기계의 시험 연구 목적인 경우 3년 이내 임시운행
- 그 외 등록 전 임시운행 기간은 15일 이내
- 등록신청 / 신규등록검사 / 수출 / 판매 / 전시 하러 일시적 운행

010

정지선이나 횡단보도 및 교차로 직전에서 정지하여야 할 신호의 종류로 옳은 것은?

① 녹색 및 황색 등화
② 황색 등화의 점멸
③ 황색 및 적색 등화
④ 녹색 및 적색 등화

011

유압모터의 일반적인 특징으로 가장 적합한 것은?

① 넓은 범위의 무단변속이 용이하다.
② 운동을 직선으로 속도조절이 용이하다.
③ 운동을 자동으로 직선으로 조작 할 수 있다.
④ 각도에 제한 없이 왕복 각 운동을 한다.

해 유압모터는 기본적으로 회전운동을 한다. 직선운동, 왕복운동은 유압모터의 특징이 아니다.
그 밖에 유압모터는 소형, 경량으로 큰 출력을 낼 수 있으며 변속, 역전 제어와 회전속도, 방향의 제어가 용이하다.

012

운전 중 작동유는 공기 중의 산소와 화합하여 열화 된다. 이 열화를 촉진 시키는 직접적인 인자가 아닌 것은?

① 열의 영향
② 수분의 영향
③ 금속의 영향
④ 유압이 낮을 때

해 TIP! : 열수금 (열, 수분, 금속)은 작동유의 열화를 촉진시킨다!

013

보호자 없이 아동, 유아가 전방에 놀고 있을 때 안전한 통행방법은?

① 일시 정지한다.
② 안전을 확인하면서 빨리 통과한다.
③ 비상등을 켜고 서행한다.
④ 경음기를 울리면서 서행한다.

014

정비 명령을 이행하지 아니한 자에 대한 처벌로 맞는 것은?

① 100만원 이하의 벌금
② 1년 이하의 징역 또는 100만원 이하의 벌금
③ 50만원 이하의 벌금
④ 30만원 이하의 벌금

015

다음 중 면허 취소처분에 해당되는 것은?

① 면허 정지기간에 운전한 경우
② 중앙선침범
③ 신호위반
④ 과속운전

016

타이어식 건설기계 장비에서 토인에 대한 설명으로 틀린 것은?

① 토인은 직진성을 좋게 하고 조향을 가볍도록 한다.
② 토인은 반드시 직진상태에서 측정해야 한다.
③ 토인 조정이 잘못되면 타이어가 편마모 된다.
④ 토인은 좌·우 앞바퀴의 간격이 앞보다 뒤가 좁은 것이다.

해 토인은 좌·우 앞바퀴의 간격이 뒤보다 앞이 좁은 것이다. TIP! : 토인은 안짱다리!

017

유압 작동부에서 오일이 누유되고 있을 때 가장 먼저 점검하여야 할 곳은?

① 시일(seal)
② 피스톤(piston)
③ 기어(gear)
④ 펌프(pump)

해 실(seal)은 유체가 누출되지 않도록 접합부를 기밀, 밀봉하는 패킹 또는 개스킷을 말한다.

018

정차 및 주차 금지장소에 해당 되는 곳은?

① 도로의 모퉁이로부터 5m 지점
② 건널목 가장자리로부터 15m 지점
③ 정류장 표시판으로부터 12m 지점
④ 교차로 가장자리로부터 10m 지점

해 정차 및 주차 금지장소
- 교차로 가장자리 5m 이내
- 도로모퉁이 5m 이내
- 안전지대 사방 10m 이내
- 버스정류장 표시 10m 이내
- 건널목 가장자리 10m 이내
- 횡단보도 10m 이내

019

다음 보기 중 무한궤도형 건설기계에서 트랙 긴도 조정방법으로 맞는 것은?

ㄱ. 그리스식   ㄴ. 너트식
ㄷ. 전자식   ㄹ. 유압식

① ㄱ, ㄷ
② ㄱ, ㄴ
③ ㄱ, ㄴ, ㄷ
④ ㄴ, ㄷ, ㄹ

해 무한궤도형 건설기계의 트랙 장력 조정방법에는 그리스 주입식과 너트식(기계식)이 있다.

020

도로교통법상 도로에 해당되지 않는 것은?

① 해상 도로법에 의한 항로
② 차마의 통행을 위한 도로
③ 유료도로법에 의한 유료도로
④ 도로법에 의한 도로

021

건설기계 등록신청 시 첨부서류가 아닌 것은?
① 건설기계 소유자임을 증명하는 서류
② 건설기계 제작증
③ 건설기계 제원표
④ 호적등본

022

운반작업 시의 안전수칙 중 틀린 것은?
① 무거운 물건을 이동할 때 호이스트 등을 활용한다.
② 화물은 될 수 있는 대로 중심을 높게 한다.
③ 어깨보다 높게 들어 올리지 않는다.
④ 무리한 자세로 장시간 사용하지 않는다.

해 화물의 무게중심을 최대한 낮게 한다.

023

유압장치 유압기호의 표시방법으로 틀린 것은?
① 기호에는 흐름의 방향을 표시한다.
② 각 기기의 기호는 정상상태 또는 중립상태를 표시한다.
③ 기호에는 각 기기의 구조나 작용 압력을 표시하지 않는다.
④ 기호는 어떠한 경우에도 회전하여서는 안 된다.

해 기호는 방향에 따라 회전시킬 수 있다.

024

사용압력에 따른 타이어의 분류로 틀린 것은?
① 저압타이어 ② 초저압타이어
③ 고압타이어 ④ 초고압타이어

해 타이어 압력에 따라 초저압 / 저압 / 고압 타이어로 나뉘고 초고압타이어는 없다.

025

천연가스가 배관을 통하여 공급 시 도시가스 사업법 상 중압에 해당하는 것은?
① 0.5Mpa ② 1.0Mpa
③ 0.1Mpa ④ 5Mpa

해 도시가스사업법에서 10kg/cm²(1MPa)이상의 압력을 고압, 1kg/cm²이상 10kg/cm²미만 압력을 중압, 1kg/cm²(0.1MPa)미만의 압력을 저압이라고 말한다.

026

감전 재해의 대표적인 발생 형태 아닌 것은?
① 누전상태의 전기기기에 인체 접촉
② 전기기기의 충전부와 대지 사이에 인체 접촉
③ 전선이나 전기기기의 노출된 충전부의 양단간 인체 접촉
④ 고압전력선에 안전거리 이상 이격한 경우

027

도시가스 배관의 안전조치 및 손상방지를 위해 굴착공사자는 굴착공사 예정지역의 위치에 어떤 조치를 하여야 하는가?

① 횡색 페인트로 표시
② 적색 페인트로 표시
③ **흰색 페인트로 표시**
④ 청색 페인트로 표시

028

유압기기의 작동속도를 높이기 위한 방법은?

① **유압펌프의 토출유량을 증가시킨다.**
② 유압모터의 압력을 높인다.
③ 유압펌프의 토출압력을 높인다.
④ 유압모터의 크기를 작게 한다.

029

납산축전지에 증류수를 자주 보충시켜야 한다면 그 원인에 해당 될 수 있는 것은?

① 충전 부족이다.
② 극판이 황산화 되었다.
③ **과충전 되고 있다.**
④ 과방전 되고 있다

해 납산축전지(배터리) 과충전 시 더 이상 전압과 전해액 비중은 상승하지 않고, 물의 전기분해가 가속화되어 수소와 산소가스 형태로 대기중으로 날아가 버린다. 따라서 증류수를 자주 보충 시켜줘야 한다면 과충전 상태로 진단할 수 있다.

030

천연가스의 특징으로 틀린 것은?

① 주성분은 매탄이다.
② 원래 무색, 무취이나 부취제를 첨가한다.
③ 천연고무에 대한 용해성은 거의 없다.
④ **누출시 공기보다 무겁다.**

해 천연가스는 공기보다 가볍다.

031

엔진의 윤활유 압력이 낮은 원인과 거리가 먼 것은?

① 윤활유 펌프의 성능이 좋지 않다.
② 윤활유의 양이 부족하다.
③ 기관 각부의 마모가 너무 심하다.
④ **윤활유의 점도가 너무 높다.**

032

기계식 분사펌프가 장착된 디젤기관에서 가동중에 발전기가 고장이 났을 때 발생할 수 있는 현상으로 틀린 것은?

① 충전경고등이 들어온다.
② **배터리가 방전되어 시동이 꺼지게 된다.**
③ 헤드램프를 켜면 불빛이 어두워진다.
④ 전류계의 지침이 (-)쪽을 가리킨다.

해 발전기 고장은 충전이 안됨을 뜻한다. 그러나 충전이 안된다고 바로 배터리가 방전되고 시동이 꺼지지는 않는다.

033

오일의 압력이 높은 것과 관계 없는 것은?
① 릴리프 스프링(조정 스프링)이 강할 때
② 추운 겨울철 가동할 때
③ 오일 점도가 높을 때
④ 오일 점도가 낮을 때

해 점도는 오일의 묽기(뻑뻑한 정도)이므로 점도가 낮으면 압력이 낮고, 점도가 높으면 압력이 높다. (점도와 오일압력은 비례관계) 압력이 높다는 것은 점도가 높다는 것이므로 오일의 점도가 낮은 것과 압력이 높은 것 과는 관계가 없다.

034

연료탱크의 연료를 분사펌프 저압부까지 공급하는 것은?
① 연료공급 펌프   ② 연료분사 펌프
③ 인젝션 펌프   ④ 로터리 펌프

해 연료탱크 연료는 연료공급펌프를 통해 분사펌프 저압부까지 공급된다.
연료의 공급경로 : 연료탱크 ⇨ 연료공급펌프 ⇨ 연료필터 ⇨ 분사펌프 ⇨ 분사노즐

035

작업 중 기관의 시동이 꺼지는 원인에 해당 되는 것은?
① 연료공급 펌프의 고장
② 발전기 고장
③ 물 펌프의 고장
④ 기동 모터의 고장

해 작업 중 시동꺼짐은 연료공급 계통의 문제로 유추하여 풀고 엔진정지상태에서 최초 시동이 걸리지 않을 때는 배터리(축전지), 기동전동기 등 전기계통의 보기를 찾는다.

036

디젤기관의 진동 원인이 아닌 것은?
① 4기통 엔진에서 분사노즐 한 개만 막혔을 때
② 연료분사 인젝터에 불균률이 있을 때
③ 분사압력이 실린더 별로 차이가 있을 때
④ 하이텐션 코드가 불량할 때

해 하이텐션 코드는 가솔린기관의 점화플러그 배선이다.

037

디젤기관의 노킹 발생 원인이 아닌 것은?
① 노즐의 분무 상태 불량
② 기관 과냉
③ 착화기간 중 분사량 많다.
④ 기관의 압축압력이 너무 낮다.

해 노킹은 기관의 압축압력이 아니라 연료의 분사압력이 낮은 경우 발생할 수 있다.

038

납산축전지에서 극판수를 늘리면 어떻게 되는가?
① 전압이 높아진다.
② 전압이 낮아진다.
③ 전해액 비중이 커진다.
④ 용량이 커진다.

해 납산축전지의 극판수를 늘리면 용량(Ah)이 커진다.

039

축전지의 충전에서 충전 말기에 전류가 거의 흐르지 않기 때문에 충전 능률이 우수하며 가스발생이 거의 없으나 충전 초기에 많은 전류가 흘러 축전지 수명에 영향을 주는 단점이 있는 충전 방법은?
① 정전류 충전   ② 정전압 충전
③ 단별전류 충전   ④ 급속 충전

해 정전압 충전에 대한 설명이다.

040

타이어식 장비에서 핸들 유격이 큰 원인이 아닌 것은?
① 타이로드의 볼조인트 마모
② 스티어링 기어박스 장착부위 풀림
③ 아이들러암 부싱의 마모
④ 스테빌라이저 마모

해 핸들유격이란? 핸들을 가볍게 돌렸을 때 바퀴가 움직이지 않는 정도의 범위로 타이로드, 스티어링 기어 박스, 아이들러암은 모두 핸들 유격과 관련이 있는 조향장치이나 스테빌라이저는 롤링방지 목적의 현가장치(suspension system)중 하나이다.

041

다음 중 터보차저를 구동하는 것으로 가장 적합한 것은?
① 엔진의 열
② 엔진의 배기가스
③ 엔진의 흡입가스
④ 엔진의 여유동력

해 터보차저(과급기)는 배기가스를 바로 배출시키지 않고 배기압을 이용 터보차저의 터빈을 구동하는 데 이용함으로써 임펠러, 디퓨저를 통해 강제로 더 많은 공기가 압축되도록 하는 장치이다.

042

건설기계 검사기준 중 제동장치의 제동력 기준으로 틀린 것은?
① 모든 축의 제동력의 합이 당해 축중(빈차)의 50% 이상일 것
② 동일차축 좌·우바퀴 제동력의 편차는 당해 축중의 8% 이내일 것
③ 동일차축 좌·우바퀴 제동력의 편차는 당해 축중의 10% 이내일 것
④ 주차제동력의 합은 건설기계 빈차 중량의 20% 이상 일 것

해 동일차축 좌·우바퀴 제동력의 편차는 당해 축중의 8% 이내일 것

043

납산 축전지의 용량은 어떻게 결정되는가?
① 극판의 크기, 극판의 수, 황산의 양에 의해 결정된다.
② 극판의 크기, 극판의 수, 단자의 수에 따라 결정된다.
③ 극판의 수, 셀의 수, 발전기의 충전능력에 따라 결정된다.
④ 극판의 수와 발전기의 충전능력에 따라 결정된다.

해 납산축전지 용량은 극판와 크기와 수, 황산량에 의해 결정된다. TIP! : 크수황

044

교류발전기의 주요 구성 요소가 아닌 것은?
① 자계를 발생시키는 로터
② 3상전압을 유도시키는 스테이터
③ 다이오드가 설치되어있는 엔드프레임
④ 전류를 공급하는 계자코일

해 교류발전기의 주요 구성 요소 TIP! : 슬브다로스
슬링립, 브러시, 다이오드, 로터, 스테이터

045

세미실드빔 형식의 전조등을 사용하는 건설기계 장비에서 전조등이 점등되지 않을 때 가장 올바른 조치 방법은?
① 렌즈를 교환한다.
② 전조등을 교환한다.
③ 반사경을 교환한다.
④ 전구를 교환한다.

해
• 세미실드빔식[반밀폐식] 전조등은 렌즈와 반사경은 일체로 되어있지만 전구는 별도로 교체가능
• 실드빔식은 일체형으로 전구만 교체 불가

046

머플러(소음기)에 대한 설명으로 틀린 것은?
① 머플러에 카본이 많이 끼면 엔진 과열의 원인이 된다.
② 머플러에 카본이 많이 쌓이면 엔진 출력이 떨어진다.
③ 머플러가 손상되어 구멍이 나면 배기음이 커진다.
④ 배기가스의 압력을 높여서 열효율을 증가시킨다.

해 머플러와 차량의 열효율 증가와는 무관하다.

047

반도체에 대한 설명 중 틀린 것은?

① 반도체는 양도체와 절연체의 중간 범위이다.
② 고유저항은 $10^{-3} \sim 10^4 (\Omega)$ 정도이다.
③ 실리콘, 게르마늄, 셀렌 등이 있다.
④ 절연체의 성질을 띠고 있다

해 반도체는 양의 극성을 가진 도체인 양도체와 전기 전달이 어려운 절연체의 중간 범위의 성질을 띤다.

048

앞지르기를 할 수 없는 경우에 해당 되는 것은?

① 앞차의 좌측에 다른 차가 나란히 진행하고 있을 때
② 앞차가 우측으로 진로를 변경하고 있을 때
③ 앞차가 그 앞차와의 안전거리를 확보하고 있을 때
④ 앞차가 양보 신호를 할 때

해 앞지르기 금지 상황
- 앞차 좌측에 다른차가 나란히 진행 시
- 앞차가 다른차 앞지르고 있을 때
- 앞차가 좌측으로 진로를 바꾸려고 할 때
- 마주오는 차의 진행을 방해할 우려가 있을 때

049

기관의 연소실 형상과 관련이 없는 것은?

① 기관 출력   ② 운전 정숙도
③ 열효율   ④ 엔진 속도

해 연소실의 형상은 엔진출력과 열효율, 정숙도를 결정하는 중요한 요소이다.
하지만 엔진 (회전)속도와는 관련이 없다.

050

피스톤과 실린더 간격이 클 때 일어나는 현상으로 맞는 것은?

① 기관의 회전속도가 빨라진다.
② 기관의 출력이 증가한다.
③ 엔진이 과열된다.
④ 블로바이 가스가 발생한다.

해 블로바이가스(blow-by-gas)는 피스톤과 실린더 간격이 클 때 연소가스가 피스톤링 아래쪽 크랭크 케이스로 누출되는 현상으로 대기중으로 방출되어 환경오염을 일으키기도 한다.

051

다음 엔진의 배출 가스 중 인체에 가장 해가 없는 가스는?

① CO (일산화탄소)
② HC (탄화수소)
③ NOx (녹스 : 질소산화물)
④ CO_2 (이산화탄소)

052

기관의 4행정 중 폭발행정 끝 부분에서 실린더 내의 압력에 의해 배기가스가 배기밸브를 통해 배출되는 현상을 무엇이라 하는가?

① 블로바이 (blow by)
② 블로백 (blow back)
③ 블로업 (blow up)
④ 블로다운 (blow down)

해 블로우 다운은 폭발행정 끝 부분에서 실린더 내의 압력에 의해 배기가스가 배기밸브를 통해 배출되는 현상

053

굴착기 하부 주행체의 구성요소가 아닌 것은?

① 트랙프레임
② 트랙 및 롤러
③ 주행용 유압모터
④ 붐 실린더

054

유압회로의 설명으로 맞는 것은?

① 유압 회로에서 릴리프 밸브는 압력제어 밸브이다.
② 유압회로의 동력 발생부에는 공기와 믹스하는 장치가 설치되어 있다.
③ 유압회로에서 릴리프 밸브는 닫혀 있으며, 규정압력 이하의 오일 압력이 오일 탱크로 회송된다.
④ 회로 내 압력이 규정 이상일 때는 공기를 혼입하여 압력을 조절한다.

해 압력제어밸브의 종류 **TIP! : 압카릴리무시** 압력제어 밸브에는 **카**운터밸런스밸브, **릴**리프밸브, **리**듀싱밸브(감압밸브), **무**부하밸브(언로드밸브), **시**퀀스밸브가 있다.
② ④ 유압장치의 공기 혼입은 심각한 작동불량을 초래한다.
③ 릴리프밸브는 규정압력 이상 시 포펫스프링을 밀어 오일이 우회하도록 하여 최고압력을 설정하고 회로를 보호한다.

055

무한궤도 굴착기에서 트랙과 아이들러에 작용하는 전방에서의 충격을 완화시키는 역할을 하는 장치는?

① 스프로킷
② 상부롤러
③ 하부롤러
④ 리코일 스프링

056

굴착기 하부구동체에서 스프로킷의 이상 마멸의 원인은?

① 작동유 부족   ② 실 마모
③ 라이닝 과대마모   ④ 트랙장력 과다

057

굴착기로 작업할 때 주의사항으로 틀린 것은?

① 땅을 깊이 팔 때는 붐의 호스나 버킷실린더의 호스가 지면에 닿지 않도록 한다.
② 암석, 토사 등을 평탄하게 고를 때는 선회관성을 이용하면 능률적이다.
③ 암 레버의 조작시 잠깐 멈췄다 움직이는 것은 펌프의 토출량이 부족하기 때문이다.
④ 작업시는 실린더의 행정 끝에서 약간 여유를 남기도록 운전한다.

해 평탄화 작업 시 선회관성을 이용 (버킷의 옆면 사용)하면 스윙(선회)모터에 과부하로 손상을 줄 수 있으므로 되도록 피한다.

058

엔진이 기동 되었는데도 시동스위치를 계속 ON 위치로 할 때 미치는 영향으로 맞는 것은?

① 시동전동기의 수명이 단축된다.
② 클러치 디스크가 마멸된다.
③ 크랭크축 저널이 마멸된다.
④ 엔진의 수명이 단축된다.

해 엔진 시동되었는데도 시동키를 ON위치에 계속 둘 시에는 플라이휠의 링기어와 맞물린 시동전동기의 피니언(=기어=톱니바퀴를 말한다. : 보통 맞물린 것 중 작은 것)이 망가져 시동[기동]전동기의 수명이 단축된다.

059

무한궤도 굴착기의 트랙장력 측정방법으로 가장 적절한 것은?

① 아이들러와 스프로킷 사이
② 아이들러와 1번 상부롤러 사이
③ 1번 상부롤러와 2번 상부롤러 사이
④ 스프로킷과 1번 상부롤러 사이

060

굴착기를 크레인으로 들어 올릴 때 틀린 것은?

① 와이어는 충분한 강도가 있어야 한다.
② 배관 등에 와이어가 닿지 않도록 한다.
③ 굴삭기의 앞부분부터 들리도록 와이어를 묶는다.
④ 굴삭기 중량에 맞는 크레인을 사용한다.

빈출 모의고사 문답암기 문제형 2회

001

하부 주행체에서 스프로킷의 이상 마모의 원인에 해당하는 것은?
① 댐퍼스프링 장력 약화
② 유압유 과다
③ 유압유 부족
④ 트랙의 이완

해 스프로킷 이상 마모(마멸)의 원인은 트랙 장력이 과도하거나, 반대로 너무 이완되어 있는 경우 발생한다.

002

퓨즈의 용량 표기가 맞는 것은?
가. M 나. A
다. E 라. V

해 퓨즈는 규정된 전류보다 큰 전류가 흐르면 엘리먼트 내부에 발생되는 열에 의해 끊어져(용단되어) 회로를 보호하는 장치로 전류의 단위인 A(암페어)로 나타낸다.

003

다음 중 흡기 장치의 요구조건으로 틀린 것은?
① 흡입부에 와류가 발생할 수 있는 돌출부를 설치해야 한다.
② 전 회전 영역에 걸쳐서 흡입 효율이 좋아야 한다.
③ 연소속도를 빠르게 해야 한다.
④ 균일한 분배성을 가져야 한다.

해 흡기부에 돌출부가 있을 경우 와류 발생을 저해한다.

004

굴착기에서 트랙장력을 조정하는 이유가 아닌 것은?
① 스프로킷 마멸방지
② 선회 모터의 과부하 방지
③ 구성품 수명연장
④ 트랙이완 방지

해 선회모터(스윙모터)는 상부회전체 구성요소로 트랙 장력과 관련이 없다.

005

수공구 보관 및 사용방법으로 틀린 것은?
① 해머작업 시 몸의 자세를 안정되게 한다.
② 담금질 한 것은 함부로 두들겨서는 안 된다.
③ 공구는 적당한 습기가 있는 곳에 보관한다.
④ 파손, 마모된 것은 사용하지 않는다.

006

건설기계 장비에 연료주입 시 주의사항으로 가장 거리가 먼 것은?

① 탱크의 여과망을 통해 주입한다.
② 불순물이 있으면 주입하지 않는다.
③ 인화성 물질이 가까이 있는지 확인한다.
④ 연료탱크의 ¾까지 주입한다.

해 연료주입 시 연료를 가득 채운다.

007

작업장치의 작업 전 점검 사항이 아닌 것은?

① 유압장치의 이상유무
② 조종 및 제동장치 이상유무
③ 등화장치 이상유무
④ 유압계통 과열 이상 유무

해 작업 전이므로 유압계통 과열을 점검할 수 없다.

008

건설기계 유압실린더 작용은 어떤 원리를 응용한 것인가?

① 베르누이정리   ② 파스칼의 원리
③ 후크의법칙   ④ 피타고라스정리

해 파스칼의 유체의 압력전달 원리는 밀폐관 속의 비압축성 유체의 어느 한 부분에 가해진 압력은 유체의 다른 모든 부분에 그대로 전달된다는 원리로 유압장치에 적용되는 기본 원리이다.

009

등록 건설기계의 기종 표시가 옳은 것은?

① 01번 지게차   ② 03번 굴삭기
③ 04번 덤프트럭   ④ 05번 스크레이퍼

해 TIP! : 불굴로지스 덤기모롤노
- 01 불도저 02 굴삭기 03 로더 04 지게차 05 스크레이퍼
- 06 덤프트럭 07 기중기 08 모터그레이더 09 롤러 10 노상안정기

010

건설기계 관리법에서 정의한 건설기계 형식에 대한 설명으로 맞는 것은?

① 작업장치 구조 및 규격을 말한다.
② 작업종류 및 용량을 말한다.
③ 엔진형식 및 성능을 말한다.
④ 구조, 규격, 성능에 관해 일정하게 정한 것을 말한다.

011

다음 중 건설기계 관리법 상 경상을 의미하는 것은?

① 3일 미만의 치료를 요하는 진단이 있는 경우
② 10일 미만의 치료를 요하는 진단이 있는 경우
③ 3주 이상의 치료를 요하는 진단이 있는 경우
④ 3주 미만의 치료를 요하는 진단이 있는 경우

해 경상 : 3주 미만의 치료를 요하는 진단이 있는 경우
중상 : 3주 이상의 치료를 요하는 진단이 있는 경우

012

디젤기관에만 해당되는 회로는?
① 시동 회로　② 점화플러그 회로
③ 충전 회로　④ **예열플러그 회로**

🅗 연소실의 공기를 예열하기위한 예연소실식 공기예열장치에는 예열플러그 회로가 이용되며 이는 디젤기관에만 해당된다.

013

건설기계 사업을 영위하고자 할 때 누구에게 등록해야 하는가?
① 국토부장관
② 건설기계 등록 대행업자
③ 시도지사
④ **시장, 군수 또는 구청장**

🅗 건설기계 자체의 등록, 변경, 말소는 시도지사, 건설기계 사업의 등록은 시장, 군수, 구청장에게 한다.

014

굴착기 하부 주행체에 대한 설명으로 틀린 것은?
① 하부 주행체는 선회베어링을 거쳐 상부 선회체와 작업장치를 지지하고 있다.
② 주행장치는 유압모터, 감속기, 스프로킷 등으로 구성되어 있다.
③ 트랙은 슈, 링크, 핀, 부싱 등으로 구성된다.
④ **작동유는 상부회전체에서 유압펌프를 통해 컨트롤 밸브를 거쳐 주행모터 - 스프로킷 - 종감속기어 순으로 전달된다.**

🅗 유압펌프 - 컨트롤밸브 - 센터조인트 - 주행모터 - 종감속기어 - 스프로킷 - 트랙 순이다.

015

트랙의 유격은 보통 얼마가 적당한가?
① 약 10~20mm　② 약 50~60mm
③ 약 70~80mm　④ **약 20~30mm**

016

굴착기 조종레버에 대한 설명 중 틀린 것은?
① 우측 조종레버는 붐과 버킷을 조작한다.
② 좌측 조종레버는 암과 선회 조작을 한다.
③ 조종레버는 놓으면 자동으로 중립상태가 된다.
④ **선회는 신속한 작업을 위해 빠른 속도로 작동한다.**

017

토사를 덤프 트럭에 상차 작업 시 굴착기의 위치로 가장 적합한 것은?
① 암 작동 거리를 짧게 한다.
② 붐 작동 거리를 짧게 한다.
③ 버킷 작동 거리를 짧게 한다.
④ **선회 거리를 짧게 한다.**

🅗 토사를 덤프 트럭에 상차 작업 시에는 작업효율과 안전을 위해 선회거리를 짧게 (선회반경을 작게) 하는 것이 가장 중요하다.

018

타이어식 굴착기 견고한 땅 위에서 자체중량 상태로 좌우 몇 도까지 기울여도 넘어지지 않아야 하는가?

① 35도 ② 45도
③ 20도 ④ 25도

019

다음 중 굴착기의 굴착력이 최대가 되는 각도는?

① 붐과 암이 45도 각도를 이룰 때
② 붐과 암이 180도 각도를 이룰 때
③ 버킷을 최소 작업반경 위치로 놓았을 때
④ 붐과 암의 각도가 직각을 이룰 때

020

굴착기로 지면 고르기 작업 시 틀린 것은?

① 혼합 재료는 도로 전폭에 교대로 층을 이루도록 작업
② 비탈면은 소단과 기울기를 유지하도록 한다.
③ 포설 장비가 메우기 전에 고르기 작업을 한다.
④ 동결된 재료는 잘 희석해서 메우기 작업 재료로 사용한다.

해 동결된 재료를 메우기에 사용 시 융해침식이 발생하여 붕괴 및 낙석위험 있으므로 사용을 금한다.

021

진동 장애의 예방 대책으로 옳지 않은 것은?

① 저진동 공구 사용
② 진동업무 자동화
③ 방진장갑과 귀마개 사용
④ 가급적 실외작업을 한다.

022

굴착기 작업장치 연결부 니플에 주유하는 것은?

① 기어오일 ② 유압유
③ 엔진오일 ④ 그리스

해 붐암버킷 작업장치 연결부에 젖꼭지처럼 튀어나온 니플에는 그리스를 주입한다.

023

굴착기 작업장치 중 2개의 집게로 조여서 물체를 부술 수 있는 장치는?

① 브레이커 ② 그래플
③ 퀵 클램프 ④ 크러셔

024

운전석 내 스위치 조작으로 버킷 등 작업장치를 쉽게 교체할 수 있는 장치는?

① 파일드라이버 ② 어스오거
③ 컴팩터 ④ 퀵 커플러

025

높은 곳 까지 작업이 가능하도록 긴 붐과 암을 조합하여 크러셔 등을 장착, 굴뚝이나 건물 철거에 사용되는 작업장치는?

① 쉬어 ② 그래플
③ 리퍼 ④ 데몰리션

026

굴착기의 토사 메우기 작업 시 사용되는 토사의 조건으로 틀린 것은?

① 배수성 좋아야 한다.
② 압축성 작아야 한다.
③ 공학적 안정성 커야한다.
④ 팽창성 커야한다.

해 토사 메우기 작업 시 토사는 압축성 및 팽창성이 작아야 침식이나 붕괴 위험이 적다.

027

공장에서 중량이 큰 물체를 이동시킬 때 가장 좋은 방법은?

① 로프로 묶어 살살 잡아당긴다.
② 지렛대의 원리를 이용하여 움직인다.
③ 여러 사람이 들고 천천히 이동시킨다.
④ 체인블록이나 호이스트를 사용한다.

해 공장 상층부에 설치 가능한 중량물 운반용 기구인 체인블럭이나 호이스트를 사용하여 중량물을 운반하는 것이 가장 안전하다.

028

클러치 차단이 불량한 원인으로 틀린 것은?

① 토션스프링 약화 ② 페달의 유격 과대
③ 클러치판 흔들림 ④ 릴리스 레버의 마멸

해 토션스프링은 현가장치(서스펜션) 부품이며, 클러치 구성품은 쿠션스프링이다. 클러치 페달의 유격 과대, 클러치 판 흔들림, 릴리스 레버의 마멸 등은 모두 클러치의 동력 차단을 불량하게 하는 요인이 맞다.

029

디젤기관에 사용되는 경유의 구비조건에 속하지 않는 것은?

① 발열량이 클 것
② 연소속도가 느릴 것
③ 카본 발생이 적을 것
④ 착화지연이 없을 것

해 디젤기관의 연료인 경유의 구비조건은 발열량이 크고, 카본발생이 적으며, 착화지연이 없어야 한다.(고세탄가) 그리고 연소속도는 빨라야 좋다.

030

브레이크가 잘 작동되지 않을 때의 원인으로 가장 거리가 먼 것은?

① 브레이크 라이닝에 오일이 묻었다.
② 휠 실린더오일이 누출되었다.
③ 브레이크 드럼의 간극이 크다.
④ 브레이크 페달 자유 간극이 적다.

해 브레이크 페달의 자유간극은 페달을 끝까지 밟았을 때의 유격으로 자유 간극이 크면 브레이크가 잘 작동되지 않는다.

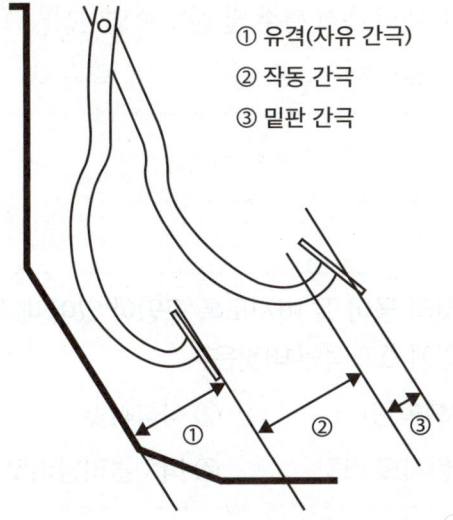

① 유격(자유 간극)
② 작동 간극
③ 밑판 간극

031

클러치라이닝 구비조건 중 틀린 것은?

① 내마멸성, 내열성 적을 것
② 알맞은 마찰계수 가질 것
③ 내식성이 클 것
④ 온도에 의한 변형이 적을 것

032

유압제어 밸브 중 속도제어 밸브에 대한 설명으로 틀린 것은?

① 스로틀 밸브, 니들밸브 등이 여기에 속한다.
② 회로에 공급되는 유량을 제어한다.
③ 엑추에이터의 작동 속도를 조절한다.
④ 작동유의 흐름을 한쪽 방향으로만 흐르도록 한다.

해 유량제어를 통해 유압 속도를 제어한다.
유량제어밸브에는 TIP! : 유스압온니분
스로틀밸브, 압력보상밸브, 온도압력보상밸브, 니들밸브, 분류밸브 등이 있다.
오일의 흐름을 한쪽 방향으로만 흐르도록 제어하는 것은 방향제어밸브 중 체크밸브의 기능이다.

033

건설기계 기관에서 윤활유의 구비 성질로 볼 수 없는 것은?

① 인화점 발화점 높을 것
② 비중이 적당할 것
③ 열전도가 양호할 것
④ 산화 저항이 작을 것

해 오일류는 공기 중의 산소에 노출 시 산화되므로 산화에 대한 저항이 클수록 좋다.
산화된 윤활유 사용 시 기계를 부식시키고 슬러지를 발생시킨다.

034

디젤기관 연소실 형태 중 **직접 분사실식**에 대한 설명으로 **틀린** 것은?

① 분사 노즐의 상태와 연료의 질에 민감하다.
② 노크가 일어나기 쉽다.
③ 열효율이 높고 시동이 쉽다.
④ **분사 압력이 낮아 펌프와 노즐의 수명이 길다.**

해 직접 분사실식은 구조가 간단하고 연소실의 면적이 적어 시동이 용이하고, 열효율이 높고 연료소비율은 적다. 하지만 공기와류가 약하고 착화지연시간이 길어 노킹이 일어나기 쉬우며 분사 압력이 높아 펌프와 노즐의 수명이 짧은 단점이 있다.

035

유압모터의 단점에 해당되지 **않는** 것은?

① 작동유에 먼지 혼입 주의
② 작동유 누출 시 작업성능에 지장
③ 작동유 점도변화에 의해 유압모터 사용에 제약
④ **릴리프 밸브를 부착하여 속도나 방향제어가 곤란**

해 유압모터는 속도나 방향제어가 용이하다.
(곤란하다 (×))

036

작동유 속에 공기가 기포로 되어있는 현상은 무엇인가?

① 조기착화현상   ② 노킹현상
③ 인화현상   ④ **공동현상**

037

토크 컨버터 동력전달 매체는?

① 클러치판   ② **유체**
③ 기어   ④ 터빈

038

토크 컨버터 스테이터의 **기능**은?

① **오일 방향 바꾸어 회전력 증대**
② 클러치판 마찰력 감소
③ 기계적 충격 흡수 및 엔진 수명연장
④ 오일의 회전속도 감속 및 견인력 증대

039

버킷의 물이 잘 빠지도록 구멍이 있어 배수로 **작업**에 효과적인 버킷은?

① V형버킷   ② 디칭버킷
③ 힌지드 버킷   ④ **디치클리닝버킷**

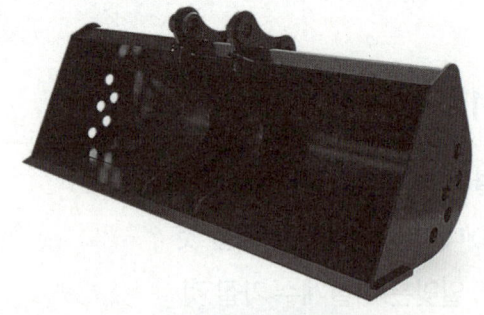

〈디치클리닝버킷〉

040

유압모터의 회전력으로 스크류를 돌려 구멍을 뚫는 장치로 전신주 및 기둥을 세우거나 박을 때 사용하는 굴삭기의 작업장치는?

① 우드그래플 ② 브레이커
③ 리퍼 ④ 어스오거

〈어스오거 earth auger excavator〉

041

굴착기의 상부회전체의 회전각도는?

① 90도 ② 180도
③ 270도 ④ 360도

해 굴착기의 상부회전체는 센터조인트를 통해 관로의 꼬임 없이 360도 회전할 수 있다.

042

굴착기 작업 시 굴착기의 진행방향으로 맞는 것은?

① 진전 ② 선회
③ 측방향 ④ 후진

해 굴착기 작업 시 진행 방향은 후진 방향이다.

043

자동변속기 압력이 떨어지는 이유 중 옳지 않은 것은?

① 오일부족
② 오일필터 막힘
③ 오일펌프 내 기포발생
④ 클러치판 마모

해 자동변속기의 부품으로 유체를 이용하여 동력을 전달하는 토크컨버터의 오일 압력이 떨어지는 요인을 묻는 문제이다. 오일 부족, 오일필터 막힘, 오일펌프 내 기포발생은 모두 유체의 압력을 떨어뜨리는 원인이 되지만 클러치 판의 마모는 관련이 없다.

044

장비보다 높은 곳을 굴착하는데 알맞은 것으로 토사 및 암석을 트럭에 적재하기 쉽게 디퍼 덮개를 개폐하도록 제작된 장비는?

① 기중기 ② 스크레이퍼
③ 파워셔블 ④ 트럭식 굴삭기

045

접지 면적이 크고 접지 압력이 작아 사지나 습지에서 작업이 가능하며 험한 지역 등 타이어가 피해를 입는 곳에서 작업이 가능한 굴착기는?

① 휠형 굴삭기
② 트럭적재식 굴삭기
③ 반정치식 굴삭기
④ 무한궤도식 굴착기

046

한쪽 트랙이 연약지반에 빠졌을 때 조치 방법으로 **부적당**한 것은?

① 버킷 이빨을 흙속에 박고 암과 붐을 이용하여 추진한다.
② 피벗 회전으로 빠진 쪽 트랙을 연약지면에서 나오게 한다.
③ 연약지반과 트랙사이에 등나무 따위를 넣는다.
④ 붐을 잭 대용으로 빠진 쪽 트랙을 들어준다.

해 한쪽 트랙이 연약지반에 빠졌을 때 상부회전체를 빠진 트랙 쪽으로 돌려 지지하려 한다면 무게중심을 잃고 빠진 쪽으로 급격히 기울어지거나 전도될 위험이 있다.

047

굴착기 **엔진 시동 후 점검사항**과 거리가 **먼** 것은?

① 엔진 배기음과 배기 색을 확인한다.
② 이상음 및 이상 진동이 없는 지 확인한다.
③ 작동유 탱크의 레벨 게이지 적정량을 확인한다.
④ 각 체결부의 풀림, 작업장치 및 유압계통 상태를 점검한다.

해 상식적으로 ④은 엔진 시동 후 운전석에 앉아서 점검할 수 있는 사항이 아니다.

048

도로교통법 상 **폭우 폭설 안개** 등으로 가시거리가 **100m이내** 일 때 최고속도의 감속기준은?

① 20%   ② 30%
③ 50%   ④ 60%

해 눈이 20mm 이상 쌓였거나 노면 얼었거나 폭우폭설안개로 가시거리 100m이내일 때 50/100 감속

049

건설기계 **임시운행 사유**가 아닌 것은?

① 등록신청을 하기위해 등록지로 운행
② 판매 전시를 위해 일시적 운행
③ 수출을 위해 선적지로 운행
④ 수리를 위해 정비업체로 운행

해 건설기계 임시운행 사유
- 신개발 건설기계의 시험 연구 목적인 경우 3년 이내 임시운행
- 그 외 등록 전 임시운행 기간은 15일 이내
- 등록신청 / 신규등록검사 / 수출 / 판매 / 전시 하러 일시적 운행

050

디젤기관에서 **시동이 되지 않는 원인**으로 맞는 것은?

① 연료공급 펌프의 연료공급 압력이 높다.
② 유압유의 점도가 높다.
③ 캠축 회전속도가 빠르다.
④ 배터리 방전으로 교체가 필요한 상태이다.

해 〈시동이 되지 않는 원인〉을 물을 때는 배터리 방전, 기동전동기 문제, 연료부족 등에서 원인을 찾는다.

051

건설기계 조종 시 1종 대형면허가 있어야 하는 것은?

① 지게차　　　　② 로더
③ 기중기　　　　④ 트럭적재식 천공기

해 1종 대형면허로 조종 가능한 건설기계
- 덤프 트럭, 믹서 트럭, 콘크리트펌프카, 아스팔트살포기, 천공기(트럭적재식), 노상안정기 (콘크리트살포기X)

052

트랙의 하부 추진장치에 대한 조치사항으로 가장 거리가 먼 것은?

① 트랙의 장력은 25~30mm로 조정한다.
② 트랙장력 조정은 그리스 주입식이 있다.
③ 마멸 및 균열 등이 있으면 교환한다.
④ 프레임이 휘면 프레스로 수정하여 사용한다.

해 트랙프레임이 휘면 수정하여 사용하기보다 교체를 해야 한다.

053

무한궤도식 건설기계의 하부 추진체와 트랙의 점검항목 및 조치사항을 열거한 것 중 틀린 것은?

① 구동 스프로킷의 마멸한계를 초과하면 교환한다.
② 트랙의 장력을 규정 값으로 조정한다.
③ 리코일 스프링의 손상 등 상.하부 롤러 균열 및 마멸 등이 있으면 교환한다.
④ 각부 롤러의 이상상태 및 리닝 장치의 기능을 점검한다.

해 리닝장치(leaning system)은 모터그레이더의 앞바퀴 경사 시스템으로 굴착기에는 없다.

054

안전관리 상 감전의 위험이 있는 곳의 전기를 차단하여 수리점검을 할 때의 조치와 관계가 없는 것은?

① 스위치에 통전 장치를 한다.
② 기타 위험에 대한 방지장치를 한다.
③ 스위치에 안전장치를 한다.
④ 통전 금지기간에 관한 사항이 있을시 필요한 곳에 게시한다.

해 통전은 전류가 통한다는 의미로 스위치에는 통전장치가 아니라 안전장치를 해야한다.

055

다음 중 무한궤도 굴착기에서 트랙장력을 조정하는 기능을 가진 것은?

① 트랙어저스트 ② 스프로킷
③ 주행모터   ④ 상부롤러

해 트랙어저스트(track adjust) 나사를 돌려 아이들러를 전후진 시킴으로써 트랙장력을 조정한다.

056

건설기계사업을 영위하고자 하는 자는 누구에게 등록 하여야 하는가?

① 시·도지사
② 전문 건설기계정비업자
③ 국토해양부장관
④ 시장, 군수, 구청장

해 건설기계 사업 등록은 시장, 군수, 구청장에게 한다. (건설기계의 등록, 변경, 말소는 시, 도지사에게 함에 주의!)

057

유압식 굴착기에서 센터 조인트의 기능은?
① 상.하부의 연결을 기계적으로 해준다.
② 상부 회전체의 오일을 하부 주행모터에 공급한다.
③ 상부 회전체의 중심역할을 한다.
④ 엔진에 연결되어 상부 회전체에 동력을 공급한다.

058

타이어식 건설기계장비에서 조향 핸들의 조작을 가볍고 원활하게 하는 방법과 가장 거리가 먼 것은?
① 동력조향을 사용한다.
② 바퀴의 정렬을 정확히 한다.
③ 타이어의 공기압을 적정 압으로 한다.
④ 종감속 장치를 사용한다.

해 종감속 장치는 동력전달 장치로 조향장치가 아니다.

059

굴착기의 센터 조인트(선회 이음)의 기능으로 맞는 것은?
① 상부 회전체가 회전 시에도 오일관로가 꼬이지 않고 오일을 하부주행체로 원활히 공급한다.
② 주행모터가 상부 회전체에 오일을 전달한다.
③ 하부주행체에 공급되는 오일을 상부 회전체로 공급한다.
④ 자동변속장치에 의하여 스윙모터를 회전시킨다.

060

굴착기의 규격표시 방법으로 맞는 것은?
① 최대출력 PS/rpm
② 최대굴삭능력 m
③ 버킷의 산적용량 m^3
④ 작업 가능상태의 총중량 ton

해 굴착기는 버킷의 산적용적 m^3으로 규격을 표시한다.

빈출 모의고사 문답암기 문제형 3회

001

건설기계기관에서 크랭크 축(crank shaft)의 구성부품이 아닌 것은?
① 크랭크 암(crank arm)
② 크랭크 핀(crank pin)
③ 저널(journal)
④ 플라이 휠(fly wheel)

해 암기 : 크랭크 축 구성품 TIP! : 암핀저 **암**.**핀**.**저**널

002

연료 분사노즐 테스터기로 노즐을 시험할 때 검사하지 않는 것은?
① 연료분포 상태
② 연료분사 시간
③ 연료후적 유무
④ 연료분사 개시 압력

해 분사노즐 테스터기로 분사개시 압력과 분포상태 및 후적(노즐 끝에 오일이 물방울처럼 맺히는 현상)을 점검한다.

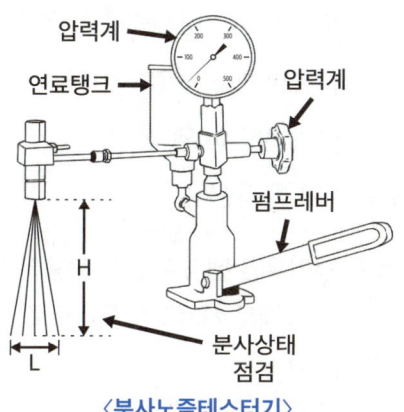

〈분사노즐테스터기〉

003

굴착기에 아워미터의 설치 목적이 아닌 것은?
① 가동시간에 맞추어 예방정비를 하기 위해
② 작업 종류 하차 시간을 체크하기 위해
③ 가동시간에 맞추어 오일 교환을 위해
④ 각 주유부 그리스 주입을 정기적으로 하기 위해

해 아워미터는 시간계로 자동차의 주행거리 처럼 장비의 총 가동 시간을 표시한다.
이를 통해 가동시간에 따른 각종 정비 사항을 실시한다.

004

디젤기관의 연소실 방식에서 흡기 가열식 예열장치를 사용하는 것은?
① 직접분사식   ② 예연소실식
③ 와류실식   ④ 공기실식

해 직접분사식은 직접 흡기를 가열하는 반면 예연소실식, 와류실식, 공기실식은 따로 보조연소실을 두는 형태로 예열플러그가 설치되어 있다.

005

디젤기관의 노킹 발생 방지 대책에 해당 되지 않는 것은?
① 착화성이 좋은 연료를 사용한다.
② 분사 시 공기온도를 높게 유지한다.
③ 연소실 벽 온도를 높게 유지한다.
④ 압축비를 낮게 유지한다.

해 압축비를 높게 유지해야 노킹 발생을 줄일 수 있다.

006

점도지수가 큰 오일의 온도변화에 따른 점도 변화는?
① 크다.   ② 작다.
③ 불변이다.   ④ 온도와는 무관하다.

해 점도지수는 온도변화에도 얼마나 안정적인가를 나타내는 지수로 점도지수가 높을수록 온도변화에 안정적(온도변화가 적다)

007

디젤기관을 시동시킨 후 충분한 시간이 지났는데도 냉각수 온도가 정상적으로 상승하지 않을 경우 그 고장의 원인이 될 수 있는 것은?
① 냉각팬 벨트 헐거움
② 수온조절기가 열린 채 고장
③ 물 펌프의 고장
④ 라디에이터코어의 막힘

해 수온조절기는 냉각수 수도꼭지라 생각하자. 열린 채 고장나면 냉각수가 콸콸 흘러나와 과냉되고, 닫힌 채 고장나면 과열된다.

008

기관에서 실린더 마모가 가장 큰 부분은?
① 실린더 아래 부분
② 실린더 윗 부분
③ 실린더 중간 부분
④ 실린더 연소실 부분

해 압축과 폭발이 일어나는 연소실과 가장 가까운 실린더 윗부분이 가장 마모가 크다.

009

기관을 시동하기 전에 점검해야 할 사항이 아닌 것은?
① 연료의 량   ② 냉각수의 량
③ 엔진의 회전수   ④ 엔진오일의 량

해 시동 전에는 연료, 냉각수, 엔진오일량을 점검한다. 시동이 되어야 엔진이 회전하므로 시동 전에는 엔진 회전 수를 알 수 없다.

010

냉각 팬의 벨트 유격이 너무 클 때 일어나는 현상으로 옳은 것은?
① 발전기의 과충전이 발생된다.
② 강한 텐션으로 벨트가 절단된다.
③ 기관 과열의 원인이 된다.
④ 점화시기가 빨라진다.

해 팬밸트가 헐거우면 냉각수 순환 작용이 원활하지 못해 냉각을 제대로 시켜주지 못하므로 기관 과열의 원인이 된다.

011

엔진오일 압력 경고등이 켜지는 경우가 아닌 것은?

① 오일이 부족할 때
② 오일 필터가 막혔을 때
③ 엔진을 급가속 시켰을 때
④ 오일 회로가 막혔을 때

해 엔진오일의 압력이 기준치 이하일 때 경고등이 켜지므로 오일이 부족하거나 오일 필터 막힘, 오일 회로 막힘 등 오일 순환이 어려운 상태일 경우 압력 경고등이 점등된다.

012

디젤기관에 과급기를 부착하는 주된 목적은?

① 출력의 증대
② 냉각효율의 증대
③ 배기효율의 증대
④ 윤활성의 증대

해 과급기(터보차저)는 말 그대로 공기를 과하게(더 많이) 흡기쪽으로 강제로 압축하여 불어넣음으로써 흡입효율을 높여 출력을 증대시키는 장치이다.

013

방향지시등 스위치를 작동할 때 한쪽은 정상이고 다른 한쪽은 점멸 작용이 정상과 다르게 (빠르게 또는 느리게) 작용한다. 고장 원인이 아닌 것은?

① 전구 1개가 단선 되었을 때
② 플래셔 유닛 고장
③ 좌측 전구를 교체할 때 규정 용량의 전구를 사용하지 않았을 때
④ 한쪽 전구 소켓에 녹이 발생하여 전압강하가 있을 때

해 플래셔 유닛은 전류를 일정 주기로 단속하여 방향지시등을 점멸시키는 장치로 한쪽은 정상 작동, 다른 쪽도 점멸 속도가 다를 뿐 점멸 기능은 작동되고 있으므로, 플래셔 유닛의 문제가 아니라 전구용량 차이, 전압강하가 있을 때, 한쪽 전구만 이상이 있을 때 나타나는 현상으로 이해할 수 있다.

014

교류 발전기(AC)에서 작동 중 소음 발생 원인으로 가장 거리가 먼 것은?

① 고정 볼트가 풀렸다.
② 벨트 장력이 약하다.
③ 베어링이 손상되었다.
④ 축전지가 방전되었다.

해 기본적으로 소음발생은 기계적(물리적)의 마찰에서 원인을 찾는다. 볼트풀림, 벨트의 헐거움, 베어링 손상 등은 충분히 소음유발 원인이 될 수 있으나 축전지 방전은 소음 발생과 거리가 멀다.

015

축전지 충전 중에 화기를 가까이 하거나 충전 상태를 점검하기 위하여 드라이버 등으로 스파크를 시키면 위험한 이유는?

① 축전지 케이스가 타기 때문이다.
② 전해액이 폭발하기 때문이다.
③ 축전지 터미널이 손상되기 때문이다.
④ 발생하는 가스가 폭발하기 때문이다.

해 건설기계의 축전지(배터리) 충전 중 화기를 가까이 하거나 스파크를 일으킬 시 폭발의 위험이 있다.

016

축전지의 전해액이 빨리 줄어든다. 그 원인과 가장 거리가 먼 것은?

① 축전지 케이스가 손상된 경우
② 과충전이 되는 경우
③ 비중이 낮은 경우
④ 전압조정기가 불량인 경우

해 비중 하락은 방전을 거듭하였을 시 그 결과로 나타나는 현상이지 전해액 감소 원인으로 볼 수 없다.

017

기동 전동기의 마그넷 스위치는?

① 기동 전동기의 전자석 스위치이다.
② 기동 전동기의 전류 조절기이다.
③ 기동 전동기의 전압 조절기이다.
④ 기동 전동기의 저항 조절기이다.

해 마그넷(magnet)은 자석을 뜻한다.

018

예열 플러그의 작용 시기는 어느 때가 가장 좋은가?

① 냉각수의 양이 많을 때
② 기온이 영하로 떨어졌을 때
③ 축전지가 방전 되었을 때
④ 축전지가 과 충전 되었을 때

해 예열 플러그는 시동보조장치로 겨울철 기온이 낮을 때 흡입공기를 가열하여 시동을 돕는다.

019

디젤기관의 감압장치에 대한 설명으로 맞는 것은?

① 크랭킹을 원활히 해준다.
② 냉각팬 회전을 원활히 해준다.
③ 흡배기 행정을 도와준다.
④ 엔진의 압축압력을 높인다.

해 감압장치(디콤프 decompression)는 기동(시동) 시 실린더 내부압력을 감압시켜 엔진의 크랭킹을 도와주는 시동보조장치이다.

TIP! : 시동보조장치에는 **공감히트!**
- **공**기예열장치, **감**압장치, **히트**레인지

020

굴착기 스윙(선회) 동작이 원활하게 안 되는 원인으로 틀린 것은?

① 컨트롤 밸브 스풀 불량
② 릴리프 밸브 설정 압력 부족
③ 터닝 조인트(Turning Joint) 불량
④ 스윙(선회) 모터 내부 손상

해 굴착기의 스윙(선회)가 유압모터로 작동한다는 것을 이해하고 있는지에 대한 질문이다.
터닝조인트는 센터조인트를 의미하며 터닝조인트의 기계적 불량보다는 유압계통에 문제가 있을 시 선회 동작이 원활하지 않다.

021

기관의 플라이휠과 항상 같이 회전하는 부품은?

① 압력판 ② 릴리스 베어링
③ 클러치축 ④ 디스크

022

동력전달 장치에서 토크 컨버터에 대한 설명 중 틀린 것은?

① 조작이 용이하고 엔진에 무리가 없다.
② 기계적인 충격을 흡수하여 엔진의 수명을 연장한다.
③ 부하에 따라 자동적으로 변속한다.
④ 일정 이상의 과부하가 걸리면 엔진이 정지한다.

해 토크 컨버터는 엔진에서 이미 생산된 동력을 전달하는 장치로 과부하가 걸린다고 엔진이 정지하는 일은 발생하지 않는다.

023

동력조향장치의 장점과 거리가 먼 것은?

① 작은 조작력으로 조향 조작이 가능하다.
② 조향 핸들의 시미 현상을 줄일 수 있다.
③ 설계, 제작 시 조향 기어비를 조작력에 관계없이 선정할 수 있다.
④ 조향 핸들 유격조정이 자동으로 되어 볼 조인트 수명이 반영구적이다.

해 동력조향장치는 일명 파워핸들(Hydraulic Power Steering)로 운전자가 핸들을 조작하는 힘을 저감시켜주는 장치이다. 볼조인트는 소모품으로 반영구적이지 않다.

024

노면표시 중 중앙선이 황색 실선과 점선의 복선으로 설치된 때의 설명 중 맞는 것은?

① 어느 쪽에서나 중앙선을 넘어서 앞지르기를 할 수 있다.
② 실선 쪽에서만 중앙선을 넘어서 앞지르기를 할 수 있다.
③ 어느 쪽에서나 중앙선을 넘어 앞지르기를 할 수 없다.
④ 점선 쪽에서만 중앙선을 넘어 앞지르기를 할 수 있다.

025

철길 건널목에서 차가 고장이 나서 운행할 수 없게 되었다. 운전자의 조치 사항으로 가장 적절하지 못한 것은?

① 철도 공무 중인 직원이나 경찰 공무원에게 즉시 알려 차를 이동하기 위한 필요한 조치를 한다.
② 차를 즉시 건널목 밖으로 이동시킨다.
③ 승객을 하차시켜 즉시 대피 시킨다.
④ 현장을 그대로 보존하고 경찰관서로 가서 고장 신고를 한다.

026

편도 4차로의 경우 교차로 30미터 전방에서 우회전을 하려면 몇 차로의 진입통행 해야 하는가?

① 2차로와 3차로로 통행한다.
② 1차로와 2차로로 통행한다.
③ 1차로로 통행한다.
④ 4차로로 통행한다.

027

타이어식 건설기계의 좌석안전띠에 대한 내용 중 틀린 것은?

① 30km/h이상의 속도를 낼 수 있는 타이어식 건설기계에는 좌석안전띠를 설치해야 한다.
② 안전띠는 사용자가 쉽게 잠그고 풀 수 있는 구조이어야 한다.
③ 안전띠는 산업표준화법 제 15조에 따라 인증을 받은 제품이어야 한다.
④ 지게차에는 좌석 안전띠를 설치할 필요가 없다.

028

건설기계 등록지를 변경한 때는 등록번호를 시 도지사에게 며칠 이내에 반납하여야 하는가?

① 10일   ② 5일
③ 20일   ④ 30일

029

도로교통법상 철길 건널목을 통과할 때 방법으로 가장 적합한 것은?

① 신호등이 없는 철길 건널목을 통과할 때에는 서행으로 통과하여야 한다.
② 신호등이 있는 철길 건널목을 통과할 때에는 건널목 앞에서 일시 정지하여 안전한지의 여부를 확인한 후에 통과하여야 한다.
③ 신호기가 없는 철길 건널목을 통과할 때에는 건널목 앞에서 일시 정지하여 안전한지의 여부를 확인한 후에 통과하여야 한다.
④ 신호기와 관련 없이 철길 건널목을 통과할 때에는 건널목 앞에서 일시 정지하여 안전한지의 여부를 확인한 후에 통과하여야 한다.

해 앞지르기 금지, 부근 주정차 금지, 신호기가 없는 철길 건널목을 통과할 때에는 건널목 앞에서 반드시 일시정지 후 안전함을 확인한 후 통과한다. 다만, 신호기가 표시하는 신호에 따르는 경우에는 정지하지 않고 통과할 수 있다. (일시정지 표시 없을 때는 서행하면서 통과한다. X)

030

자동차 제1종 대형면허로 조종할 수 있는 건설기계는?

① 굴삭기　　② 불도저
③ 지게차　　④ 덤프트럭

해 1종 대형면허로 조종가능한 건설기계는 덤프트럭, 믹서트럭, 콘크리트펌프카, 천공기 (트럭적재식), 아스팔트살포기, 노상안정기, 3톤 미만 지게차 (도로운행용으로만 가능) (지게차 (×), 골재살포기 (×))

031

시·도지사의 정비명령을 이행하지 아니한 자에 대한 벌칙은?

① 30만 원 이하의 벌금
② 100만 원 이하의 벌금 또는 1년 이하의 징역
③ 50만 원 이하의 벌금
④ 1000만원 이하 벌금 또는 1년 이하의 징역

032

자동차의 승차정원에 대한 내용으로 맞는 것은?

① 등록증에 기재된 인원
② 화물자동차 4명
③ 승용자동차 4명
④ 운전자를 제외한 나머지 인원

033

덤프트럭을 신규 등록한 후 최초 정기검사를 받아야 하는 시기는?

① 1년　　　② 1년 6월
③ 2년　　　④ 2년 6월

034

작동유의 열화 및 수명을 판정하는 방법으로 적합하지 않은 것은?
① 점도 상태로 확인
② 오일을 가열 후 냉각되는 시간 확인
③ 냄새로 확인
④ 색깔이나 침전물의 유무 확인

해 작동유의 열화 정도 및 수명는 냄새나 색깔, 끈적한 정도(점도)로 판단한다. 가열 후 냉각 시간으로는 판정할 수 없다.

035

유압유의 첨가제가 아닌 것은?
① 마모방지제
② 유동점 강하제
③ 산화 방지제
④ 점도지수 방지제

해 유압유의 첨가제로는 내마모성 강화를 위한 마모방지제, 유동점을 낮춰 윤활성을 향상시키는 유동점 강하제, 공기와 접촉 시 산폐를 억제하는 산화방지제, 온도변화에 대한 점도변화를 억제하는 점도지수 향상제 등이 있으나 점도지수 방지제는 없다.

036

압력제어 밸브는 어느 위치에서 작동하는가?
① 탱크와 펌프
② 펌프와 방향전환 밸브
③ 방향전환 밸브와 실린더
④ 실린더 내부

해 압력제어 밸브의 위치는 펌프와 방향전환 밸브(체크밸브) 사이

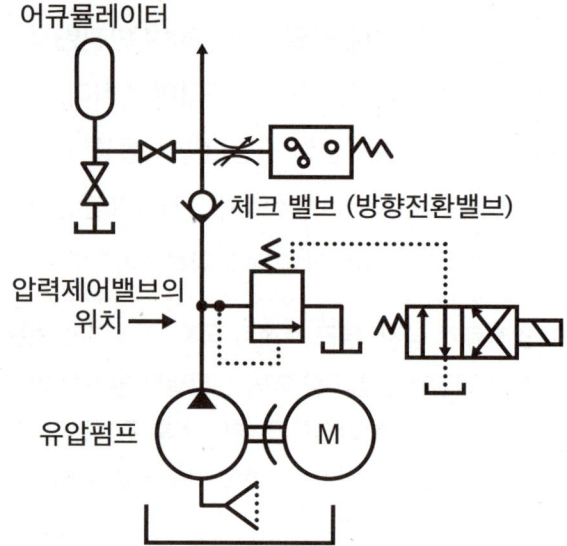

037

굴착기의 밸런스웨이트에 대한 설명으로 가장 적합한 것은?
① 굴착작업 시 더욱 무거운 중량을 들 수 있도록 임의로 조절하는 장치이다.
② 접지면적을 높여주는 장치이다.
③ 굴착작업 시 앞으로 넘어지는 것을 막아 준다.
④ 접지압을 높여주는 장치이다.

038

다음 유압기호가 나타내는 것은?

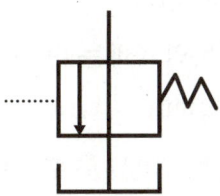

① 릴리프 밸브(relief valve)
② 감압 밸브(reducing valve)
③ 순차 밸브(sequence valve)
④ **무부하 밸브(unload valve)**

039

유압펌프가 오일을 토출하지 않을 경우, 점검 항목으로 틀린 것은?

① 오일 탱크에 오일이 규정량으로 들어 있는지 점검한다.
② 흡입 스트레이너가 막혀있지 않은지 점검한다.
③ 흡입 관로에서 공기가 혼입되는지 점검한다.
④ **토출 측 회로에 압력이 너무 낮은지 점검한다.**

해 유압펌프가 오일을 제대로 토출하지 못할 경우 **오일 부족**이나 **흡입 쪽의 막힘이나 압력저하**를 점검한다.

040

유압실린더의 숨돌리기 현상이 생겼을 때 일어나는 현상이 아닌 것은?

① 작동 지연 현상이 생긴다.
② 서지압이 발생한다.
③ **오일의 공급이 과대해진다.**
④ 피스톤 작동이 불안정하게 된다.

해 숨돌리기 현상은 유압으로 작동하는 실린더 등의 장치가 **작동 중 순간적으로 멈칫**하며 작동이 지연되는 현상으로 **서지압**(유압회로 내 과도하게 발생하는 이상 압력) 발생 또는 **공기혼입**으로 유체압력을 전달하는 **피스톤의 작동이 불안정**하여 발생한다.

041

유압유에 포함된 불순물을 제거하기 위해 유압펌프 흡입관에 설치하는 것은?

① 부스터
② **스트레이너**
③ 공기 청정기
④ 어큐뮬레이터

해 스트레이너[strainer]는 불순물을 제거하는 여과기

042

무거운 물건을 들어 올릴 때 주의사항 설명으로 가장 적합하지 않은 것은?

① 힘센 사람과 약한 사람과의 균형을 잡는다.
② **장갑에 기름을 묻히고 든다.**
③ 가능한 이동식 크레인을 이용한다.
④ 약간씩 이동하는 것은 지렛대를 이용할 수도 있다.

043

트랙이 벗겨지는 원인이 아닌 것은?
① 급 선회 시
② 트랙의 유격이 너무 클 때
③ 전 후부 트랙의 중심 거리가 같을 때
④ 트랙 정렬이 잘 되어 있지 않을 때

해 트랙이 벗겨지는 원인에는 트랙유격이 너무 커서 느슨해지거나(너무 이완되었다), 트랙의 상하부 롤러의 마모, 아이들러(유동륜)과 스프로킷의 마모, 아이들러(유동륜)과 스프로킷의 중심이 맞지 않을 때 (정렬 불량) 등이 있다.

044

소켓렌치 사용에 대한 설명으로 가장 거리가 먼 것은?
① 임팩트용으로만 사용되므로 수작업 시는 사용하지 않도록 한다.
② 큰 힘으로 조일 때 사용한다.
③ 오픈렌치와 규격이 동일하다.
④ 사용 중 잘 미끄러지지 않는다.

해 소켓렌치는 수작업 시에도 유용하게 사용된다.

045

운반 및 하역작업 시 착용 복장 및 보호구로 적합하지 않는 것은?
① 상의 작업복의 소매는 손목에 밀착되는 작업복을 착용한다.
② 하의 작업복은 바지 끝 부분을 안전화 속에 넣거나 밀착되게 한다.
③ 방독면, 방화 장갑을 항상 착용하여야 한다.
④ 유해, 위험물을 취급 시 방호 할 수 있는 보호구를 착용한다.

046

사고의 결과로 인하여 인간이 입는 인명 피해와 재산상의 손실을 무엇이라고 하는가?
① 재해　　② 안전
③ 사고　　④ 부상

047

산소 또는 아세틸렌 용기 취급 시의 주의사항으로 맞지 않는 것은?
① 아세틸렌 병은 세워서 사용한다.
② 산소병(봄베)은 40도 이하 온도에서 보관한다.
③ 산소병(봄베)을 운반할 때에는 충격을 주어서는 안된다.
④ 산소병(봄베)의 밸브, 조정기, 도관 등은 반드시 기름 묻은 천으로 닦는다.

048

안전, 보건표지의 종류와 형태에서 그림의 안전 표지판이 나타내는 것은?

① 병원 표지   ② 비상구 표지
③ 녹십자 표지   ④ 안전지대 표지

049

무한궤도식 굴착기로 진흙탕이나 수중 작업을 할 때 관련된 사항으로 틀린 것은?

① 작업 전에 기어실과 클러치실 등의 드레인 플러그의 조임 상태를 확인한다.
② 습지용 슈를 사용했으면 주행장치의 베어링에 주유하지 않는다.
③ 작업 후에는 세차를 하고 각 베어링에 주유를 해야 된다.
④ 작업 후 기어실과 클러치실의 드레인 플러그를 열어 물의 침입을 확인한다.

해 습지용 슈 작업 시에도 반드시 세차 후 주행장치의 베에링에 주유를 해야한다.

050

다음은 화재 분류에 대한 설명이다. 기호와 설명이 잘 연결된 것은?

① B급 화재 - 전기화재
② C급 화재 - 유류화재
③ D급 화재 - 금속화재
④ E급 화재 - 일반화재

해 A급 화재는 일반 (가연성) 화재, B급은 유류화재, C급은 전기화재, D급은 금속화재, E급은 가스화재
TIP! : 에일 / 삐유 / 씨전 / 디금 / 이가

051

장비점검 및 정비작업에 대한 안전수칙과 가장 거리가 먼 것은?

① 알맞은 공구를 사용해야 한다.
② 기관을 시동할 때 소화기를 비치하여야 한다.
③ 차체 용접 시 배터리가 접지된 상태에서 한다.
④ 평탄한 위치에서 한다.

해 차체 용접 시에는 배터리를 접지하는 것이 아니라 차량 전원을 끄고 배터리에서 (+), (−) 케이블 분리, 주요 전장부품 커넥터를 분리해야 용접 과정에서 과전압 또는 과전류가 전장부품이나 배선에 유입되어 발화되는 것을 미연에 방지할 수 있다.

052

굴착기 등 건설기계 운전자가 전선로 주변에서 작업을 할 때 주의할 사항으로 틀린 것은?

① 작업을 할 때 붐이 전선에 근접되지 않도록 주의한다.
② 지퍼(버켓)를 고압선으로부터 안전 이격거리 이상 떨어져서 작업한다.
③ 작업감시자를 배치한 후 전력선 인근에서는 작업감시자의 지시에 따른다.
④ 바람의 흔들리는 정도를 고려하여 전선 이격거리를 감소시켜 작업해야 한다.

해 바람에 전선이 흔들린다면 이격거리를 충분히 두고 작업한다.

053

도시가스가 공급되는 지역에서 굴착공사를 하기 전에 도로부분의 지하에 가스배관의 매설 여부는 누구에게 조회하여야 하는가?

① 시장
② 도지사
③ 경찰서장
④ 해당 도시가스 사업자

054

다음은 가스배관의 손상방지 굴착공사 작업방법 내용이다. (   )안에 알맞은 것은?

> 가스배관과 수평거리 (   )m이내에서 파일박기를 하고자 할 때 도시가스 사업자의 입회하에 시험굴착을 통하여 가스배관과의 위치를 정확히 확인할 것

① 1 ② 2
③ 3 ④ 4

055

도로상의 한전 맨홀에 근접하여 굴착작업 시 가장 올바른 것은?

① 맨홀 뚜껑을 경계로 하여 뚜껑이 손상되지 않도록 하고 나머지는 임의로 작업한다.
② 교통에 지장이 되므로 주인 및 관련기관이 모르게 야간에 신속히 작업하고 되메운다.
③ 한전직원의 입회하에 안전하게 작업한다.
④ 접지선이 노출되면 제거한 후 계속 작업한다.

056

기관에 사용되는 윤활유의 소비가 증대될 수 있는 두 가지 원인은?

① 연소와 누설 ② 비산과 압력
③ 회석과 혼합 ④ 비산과 회석

해 실린더 벽이나 피스톤링의 마모로 엔진오일이 연소실로 올라가 연소되거나 헤드개스킷 손상으로 엔진오일이 누설될 경우 윤활유 소비가 증대된다.

057

디젤기관의 진동 원인과 가장 거리가 먼 것은?
① 각 실린더의 분사압력과 분사량이 다르다.
② 분사시기, 분사간격이 다르다.
③ 윤활 펌프의 유압이 높다.
④ 각 피스톤의 중량차가 크다.

해 엔진 연소실에서의 원활한 TIP! : 흡압똥배 의 사이클에 문제가 생겼을 때 진동과 소음이 발생한다.(기관의 부조발생) 연료 분사압력과 분사량의 불일치, 분사 시기 및 간격의 차이, 피스톤의 중량 차이는 정확한 타이밍을 요하는 동력생산 시퀀스에 문제를 일으킨다. 하지만 윤활유의 유압은 연소 계통의 불일치로 발생하는 진동과는 관련이 없다.

058

4행정 사이클 기관에서 엔진이 4000rpm일 때 분사펌프의 회전수는?
① 4000rpm ② 2000rpm
③ 8000rpm ④ 1000rpm

해 엔진 회전수는 크랭크 축 회전수, 분사펌프 회전수는 캠축의 회전수로 생각하면, 캠축 구동톱니바퀴의 지름이 크랭크 축의 2배로, 캠축 1회전 시, 크랭크 축은 2회전하므로 엔진(크랭크 축 회전) 4000rpm 시 분사펌프(캠축) 회전수는 2000rpm이 된다.

059

디젤기관에서 타이머의 역할로 가장 적합한 것은?
① 분사량 조절
② 자동 변속 단 조절
③ 연료 분사 시기 조절
④ 기관속도 조절

해 타이머 - 시간 조절

060

굴착기 붐의 작동이 느린 이유가 아닌 것은?
① 기름에 이물질 혼입
② 기름의 압력 저하
③ 기름의 압력 과다
④ 기름의 압력 부족

해 굴착기 붐이 느려지는 이유는 작동유의 압력 저하과 이물질 혼입 등이다.

빈출 모의고사 문답암기 문제형 4회

001

피스톤의 운동 방향이 바뀔 때 실린더 벽에 충격을 주는 현상을 무엇이라고 하는가?
① 피스톤 스틱(stick) 현상
② 피스톤 슬랩(slap) 현상
③ 블로바이(blow by) 현상
④ 슬라이드(slide) 현상

해 슬랩[slap]의 사전적 의미 - (손바닥으로) 철썩 때리다[치다]
피스톤 슬랩은 피스톤의 운동 방향이 바뀔 때 실린더 벽을 [철썩 때려] 충격을 주는 현상

002

일상 점검정비 작업 내용에 속하지 않는 것은?
① 엔진 오일량
② 브레이크액 수준 점검
③ 라디에이터 냉각수량
④ 연료 분사노즐 압력

해 엔진 오일량, 브레이크액 수준, 냉각수량 측정은 육안으로 간단히 확인이 가능한 일상 점검에 속하나 연료 분사노즐 압력을 점검은 운전자가 일상적으로 점검할 수 있는 단순한 작업이 아니다.

003

냉각장치에서 냉각수의 비등점을 올리기 위한 것으로 맞는 것은?
① 진공식 캡   ② 압력식 캡
③ 라디에이터   ④ 물재킷

해 압력식 라디에이터 캡은 냉각수 주입구의 뚜껑부분으로 냉각수의 비등점(=비점=끓는 점)을 높여 100도씨 이상에서도 끓지 않도록 하여 냉각범위를 넓혀준다. 압력식 캡의 압력게이지범위는 통상 0.2~0.9kgf/cm^{2}이며, 비등점은 112도 정도다.

004

윤활장치에서 오일여과기의 역할은?
① 오일의 역순환 방지 작용
② 오일에 필요한 방청 작용
③ 오일에 포함된 불순물 제거 작용
④ 오일 계통에 압속 작용

005

기관에서 워터펌프의 역할로 맞는 것은?
① 정온기 고장 시 자동으로 작동하는 펌프이다.
② 기관의 냉각수 온도를 일정하게 유지한다.
③ 기관의 냉각수를 순환 시킨다.
④ 냉각수 수온을 자동으로 조절한다.

006

디젤기관 연료계통에 응축수가 생기면 시동이 어렵게 되는데 이 응축수는 주로 어느 계절에 가장 많이 생기는가?

① 봄
② 여름
③ 가을
④ 겨울

007

교류 발전기에서 회전체에 해당하는 것은?

① 스테이터
② 브러시
③ 엔드프레임
④ 로터

해 로터는 팬벨트에 의해 돌려지면 전자석이 되어 회전하고, 이로써 스테이터에서 전류가 발생한다. 브러시는 로터가 회전할 때 슬립링과 접촉을 하면서 로터 코일에 전류를 공급하는 역할을 한다.

008

트랜지스터에 대한 일반적인 특성으로 틀린 것은?

① 고온, 고전압에 강하다.
② 내부전압 강하가 적다.
③ 수명이 길다.
④ 소형 경량이다.

해 트랜지스터, 다이오드 모두 고압 고전압에 약하다.

009

기동 전동기의 브러시는 본래 길이의 얼마 정도 마모되면 교환하는가?

① 1/2 이상 마모되면 교환
② 1/3 이상 마모되면 교환
③ 2/3 이상 마모되면 교환
④ 3/4 이상 마모되면 교환

010

건설기계 운전 중 완전 충전된 축전지에 낮은 충전율로 충전이 되고 있을 경우 맞는 것은?

① 충전장치가 정상이다.
② 전압설정을 재조정해야 한다.
③ 전류설정을 재조정해야 한다.
④ 전해액 비중을 재조정한다.

해 완충된 축전지는 완충 이후 충전이 멈추는 것이 아니라 낮은 충전율로 충전이 되며 이는 정상상태이다.

011

무한궤도식 건설기계에서 트랙 장력이 너무 팽팽하게 조정되었을 때 보기와 같은 부분에서 마모가 가속되는 부분을 모두 나열한 항은?

〈보기〉
a. 트랙 핀의 마모   b. 부싱의 마모
c. 스프로킷 마모   d. 블레이드 마모

① a, c
② a, b, d
③ **a, b, c**
④ a, b, c, d

해 트랙장력이 너무 팽팽할 경우 접촉부위인 스프로킷과 트랙핀, 부싱 등의 마모가 가속화 된다. 블레이드는 트랙 구성품이 아니다.

012

전해액의 빙점은 그 전해액의 비중이 내려감에 따라 어떻게 되는가?

① 낮은 곳에 머문다.
② 낮아진다.
③ 변화가 없다.
④ 높아진다.

해 전해액의 빙점(어는 점)은 비중이 내려감에 따라 높아진다. (비중과 반비례)

013

굴착기의 조종레버 중 굴착작업과 직접 관계가 없는 것은?

① 버킷 제어레버
② 붐 제어레버
③ 암(스틱) 제어레버
④ 스윙 제어레버

해 굴착작업에 직접 관련된 조종레버 조작은 작업장치인 붐암버킷의 레버조작이다.

014

무한궤도식 건설기계에서 트랙의 스프로킷이 이상 마모되는 원인으로 가장 적절한 것은?

① 트랙의 이완
② 릴리프 밸브 고장
③ 댐퍼 스프링의 장력 약화
④ 오일펌프 고장

015

토크컨버터의 설명 중 맞는 것은?

① 구성품 중 펌프(임펠러)는 변속기 입력축과 기계적으로 연결 되어 있다.
② 펌프, 터빈, 스테이터 등이 상호 운동을 하여 회전력을 변환 시킨다.
③ 엔진속도가 일정한 상태에서 장비의 속도가 줄어들면 토크 는 감소한다.
④ 구성품 중 터빈은 기관의 크랭크축과 기계적으로 연결되어 구동된다.

해 토크컨버터는 플라이휠로부터 동력을 전달 받아 내부 오일을 이용 터빈을 돌려 변속기에 동력을 전달한다. 이는 마치 두 개의 선풍기(터빈과 스테이터)가 마주보고 있는 상태에서 둘 중 하나의 선풍기가 작동하면 맞은 편 선풍기의 바람개비도 돌아가는 것과 같은 원리로 작동한다.

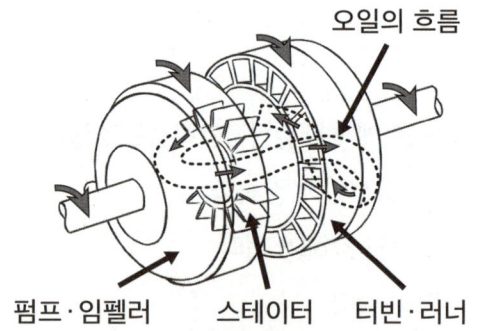

토크컨버터

① 펌프는 플라이 휠(크랭크 축)과 기계적으로 연결되어 있고, ④ 터빈은 변속기 입력축과 연결되어 있다.

016

수동 변속기가 설치된 건설기계에서 클러치가 미끄러지는 원인과 가장 거리가 먼 것은?

① 클러치 페달 자유간극 과소
② 압력판의 마멸
③ 클러치판의 오일 부착
④ 클러치판의 런아웃 과다

해 클러치를 밟았을 때 동력이 완전히 차단되어야 미끄러짐이 발생하지 않으나 클러치페달의 자유간극이 과소하면 페달을 끝까지 밟아도 완벽히 동력차단이 되지 않으면서 미끄러짐이 발생한다. 클러치판 런아웃 과다하다는 말은 클러치 클러치판이 휘었다는 의미로 소음 진동의 원인이 되나 클러치가 미끄러지는 원인은 아니다.

017

굴착기의 센터조인터의 기능으로 알맞은 것은?

① 트랙을 구동시켜 주행하도록 한다.
② 차체에 중앙 고정축 주위에 움직이는 암이다.
③ 메인펌프에서 공급되는 오일을 하부 유압 부품에 공급한다.
④ 전 후륜의 중앙에 있는 디퍼런셜 기어에 오일을 공급한다.

018

도로교통법상 정차 및 주차의 금지 장소로 틀린 것은?

① 건널목의 가장자리
② 교차로의 가장자리
③ 횡단보도로부터 10m 이내의 곳
④ 버스정류장 표시판으로부터 20m 이내의 장소

해 주정차 금지 장소는 교차로, 건널목, 횡단보도, 버스정류장 표시로부터 10m 이내인 곳

019

검사대행자 지정을 받고자 할 때 신청서에 첨부할 사항이 아닌 것은?

① 검사 업무 규정안
② 시설 보유 증명서
③ 기술자 보유 증명서
④ 장비 보유 증명서

해 검사대행자 지정 신청서엔 검사업무 규정안, 시설 보유, 기술자 보유 증명서 TIP! : 규시기 첨부한다.

020

신호등에 녹색 등화 시 차마의 통행방법으로 틀린 것은?

① 차마는 다른 교통에 방해되지 않을 때에 천천히 우회전 할 수 있다.
② 차마는 직진 할 수 있다.
③ 차마는 비보호 좌회전 표시가 있는 곳에서는 언제든지 좌회전을 할 수 있다.
④ 차마는 좌회전을 하여서는 아니 된다.

해 비보호 좌회전 표시는 교차로에서 직진 신호일 경우, 반대 차선에 진행 차량이 없다면 별도의 좌회전 신호 없이 좌회전이 가능하다는 표시로 언제든지 좌회전을 할 수 있는 것은 아니다.

021

눈이 20mm 미만 쌓인 때는 최고속도의 얼마로 감속운행 하여야 하는가?

① 100분의 50   ② 100분의 40
③ 100분의 30   ④ 100분의 20

해 100 분의 20 감속운행
 - 비가내려 노면이 젖은 경우나 눈이 20mm미만 쌓인 경우 20/100 감속
 - 노면이 얼어붙거나 폭우·폭설·안개로 가시거리 100m이내 / 눈이 20mm 이상 쌓인 경우 50/100 감속

022

도로교통법상 술에 취한 상태의 기준으로 맞는 것은?

① 혈중 알콜농도 0.01% 이상을 기준으로 함
② 혈중 알콜농도 0.02% 이상을 기준으로 함
③ 혈중 알콜농도 0.03% 이상을 기준으로 함
④ 혈중 알콜농도 0.1% 이상을 기준으로 함

023

건설기계 등록번호표 제작 등을 할 것을 통지하거나 명령하여야 하는 것에 해당 되지 않는 것은?

① 신규 등록을 하였을 때
② 등록이전 신고를 받을 때
③ 등록번호표의 재 부착 신청이 없을 때
④ 등록번호의 식별이 곤란한 때

024

다음 중 건설기계 중에서 수상 작업용 건설기계에 속하는것은?

① 준설선   ② 스크레이퍼
③ 골재살포기   ④ 쇄석기

025

건설기계정비업의 사업범위에서 유압장치를 정비할 수 없는 정비업은?

① 종합 건설기계 정비업
② 부분 건설기계 정비업
③ 원동기 정비업
④ 유압 정비업

해 원동기 정비업 사업범위에는 유압장치가 포함되지 않는다.

026

유압회로에서 압력제어 밸브 종류가 아닌 것은?

① 압력조절 밸브   ② 스로틀 밸브
③ 릴리프 밸브   ④ 시퀀스 밸브

해 TIP! : 압카릴리무시 압력제어 밸브에는 카운터밸런스밸브, 릴리프밸브, 리듀싱밸브(감압밸브), 무부하밸브(언로드밸브), 시퀀스밸브가 있다. 스로틀밸브는 [유스압온니분] 유량제어밸브에 속한다.

027

오일의 무게를 맞게 계산한 것은?

① 부피[L]에다 비중을 곱하면 kgf가 된다.
② 부피[L]에다 질량을 곱하면 kgf가 된다.
③ 부피[L]에다 비중을 나누면 kgf가 된다.
④ 부피[L]에다 질량을 나누면 kgf가 된다.

해 비중=질량(무게)/부피로 계산하며 양 변에 부피를 곱하면, 오일의 무게는 부피와 비중의 곱으로 나타낼 수 있다.

028

유압·공기압 도면기호에서 유압동력원의 기호 표시는?

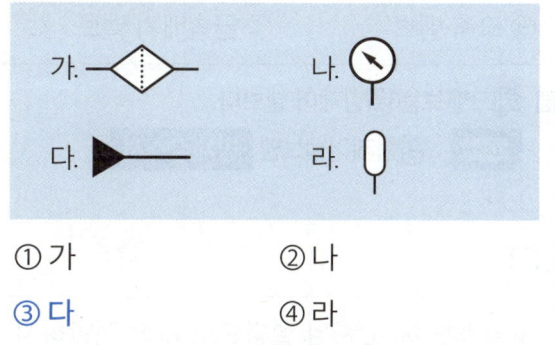

① 가   ② 나
③ 다   ④ 라

해 (가)는 필터, (나)는 압력계, (라)는 어큐뮬레이터(축압기)

029

유압기계의 장점이 아닌 것은?

① 속도제어가 용이하다.
② 에너지 축적이 가능하다.
③ 유압장치는 점검이 간단하다.
④ 힘의 전달 및 증폭이 용이하다.

해 유압기계는 밸브를 통한 속도제어가 용이하고, 어큐뮬레이터(축압기)를 이용하여 에너지의 축적이 가능하며, 유압모터와 실린더 같은 각종 엑추에이터를 이용 힘의 전달 및 증폭이 용이하다. 하지만 점검의 어려움과 이물질 혼입 시 성능 제약 등의 단점이 있다.

030

유량 제어 밸브가 아닌 것은?
① 속도제어 밸브   ② 체크 밸브
③ 교축 밸브   ④ 급속배기 밸브

해 체크밸브는 방향제어 밸브다.

TIP! : 방향제어밸브엔 방체감스셔

031

오일 탱크에 관련된 설명으로 가장 적합하지 않는 것은?
① 유압유 오일을 저장한다.
② 흡입구와 리턴구는 최대한 가까이 설치한다.
③ 탱크 내부에는 격판(배플 플레이트)을 설치한다.
④ 흡입 스트레이너가 설치되어 있다.

해 흡입구는 밑면에서 관지름의 2~3배 떨어져 설치한다. 복귀관로를 통해 유입된 오일의 상태는 양호하지 못해 안정화가 필요하므로 흡입구와 복귀구를 가능한 멀리 떨어뜨린다.

032

맥동적 토출을 하지만 다른 펌프에 비해 일반적으로 최고압 토출이 가능하고, 펌프효율에서도 전압력 범위가 높은 펌프는?
① 피스톤 펌프   ② 베인 펌프
③ 나사 펌프   ④ 기어 펌프

해 일반적으로 회전형 펌프는 일정하고 부드러운 토출을 하지만, 피스톤형(플런저형)은 맥박이 뛰는 것처럼 맥동적 토출을 한다. 최고압 토출이 가능하고 전압력 범위가 높은 펌프는 피스톤펌프다.

033

유압유에 점도가 서로 다른 2종류의 오일을 혼합하였을 경우에 대한 설명으로 맞는 것은?
① 오일 첨가제의 좋은 부분만 작동하므로 오히려 더욱 좋다.
② 점도가 달리지나 사용에는 전혀 지장이 없다.
③ 혼합은 권장 사항이며, 사용에는 전혀 지장이 없다.
④ 열화 현상을 촉진시킨다.

해 점도가 다른 오일을 혼합하면 열화 현상이 촉진되므로, 혼합 사용을 하지 않는다.

034

유압 모터의 장점으로 틀린 것은?
① 제어가 용이하다.
② 소형 장치로 큰 출력을 낼 수 있다.
③ 무단변속이 가능하다.
④ 먼지나 이물질에 의한 고장 우려가 없다.

해 유압 모터의 주요 단점이 유압계통에 먼지 또는 이물질 혼입 시 고장의 우려가 있다는 점이다.

035

적재물이 차량의 적재함 밖으로 나올 때는 어떤 색으로 위험표시를 하는가?
① 녹색   ② 청색
③ 황색   ④ 적색

036

수공구 사용 시에 안전 및 유의사항으로 **틀린 것**은?

① 수공구 사용 시 올바른 자세로 사용할 것
② 사용할 때는 무리한 힘이나 충격을 가하지 말 것
③ 작업에 맞는 공구를 선택 사용할 것
④ 사용한 후 물로 깨끗이 세척해서 보관할 것

037

벨트를 풀리에 걸 때는 어떤 상태에서 걸어야 하는가?

① 회전을 중지시킨 후 건다.
② 저속으로 회전시키면서 건다.
③ 중속으로 회전시키면서 건다.
④ 고속으로 회전시키면서 건다.

해 회전하는 기계는 반드시 정지 후 정비, 점검한다.

038

세척작업 중에 알칼리 또는 산성 세척유가 눈에 들어갔을 경우에 응급처치로 가장 먼저 조치하여야 하는 것은?

① 산성 세척유가 눈에 들어가면 병원으로 후송하여 알칼리성으로 중화시킨다.
② 알칼리성 세척유가 눈에 들어가면 붕산수를 구입하여 중화 시킨다.
③ 눈을 크게 뜨고 바람 부는 쪽을 향해 눈물을 흘린다.
④ 먼저 수돗물로 씻어낸다.

039

감전 위험이 많은 작업현장에서 보호구로 가장 적절한 것은?

① 보호 장갑
② 로프
③ 구급용품
④ 보안경

040

가스용접의 안전작업으로 적합하지 **않은 것**은?

① 산소누설 시험은 비눗물을 사용한다.
② 토치 끝으로 용접물의 위치를 바꾸거나 재를 제거하면 안 된다.
③ 토치에 점화할 때 성냥불과 담뱃불로 사용하여도 된다.
④ 산소 붐베와 아세틸렌 봄베 가까이에서 불꽃 조정을 피한다.

041

보통화재라고 하며 목재, 종이 등 일반 가연물의 화재로 분류되는 것은?

① A급 화재
② B급 화재
③ C급 화재
④ D급 화재

042

크롤러형의 굴착기를 주행 운전할 때 적합하지 않은 것은?

① 주행 시 버킷의 높이는 30 ~ 50cm가 좋다.
② 가능하면 평탄지면을 택하고, 엔진은 중속이 적합하다.
③ 암반 통과시 엔진속도는 고속이어야 한다.
④ 주행할 때 전부장치는 전방을 향해야 좋다.

043

스패너 사용 방법 설명으로 틀린 것은?

① 스패너와 너트가 맞지 않으면 쐐기를 넣어 맞추어 쓴다.
② 스패너를 해머 대신에 사용하여서는 안 된다.
③ 스패너에 파이프를 끼워 사용하지 않는다.
④ 스패너는 볼트·너트에 잘 결합하고 앞으로 잡아당길 때 힘이 걸리도록 한다.

044

도시가스로 사용하는 LNG (액화천연가스)의 특징에 대한 설명으로 틀린 것은?

① 공기보다 가벼워 가스 누출 시 위로 올라간다.
② 공기보다 무거워 소량 누출 시 밑으로 가라앉는다.
③ 공기와 혼합되어 폭발범위에 이르면 점화원에 의하여 폭발한다.
④ 도시가스 배관을 통하여 각 가정에 공급되는 가스이다.

해 LPG(liquefied petroleum gas) 액화석유가스는 프로판과 부탄으로 구성되어 공기보다 무겁고, LNG (Liquefied Natural Gas) 액화천연가스는 공기보다 가볍다.

045

건설기계가 고압전선에 근접 또는 접촉함으로써 가장 많이 발생될 수 있는 사고 유형은?

① 감전   ② 화재
③ 화상   ④ 절전

해 고압전선 — 감전사고

046

다음 그림에서 A는 배전선로에서 전압을 변환하는 기기이다. A의 명칭으로 맞는 것은?

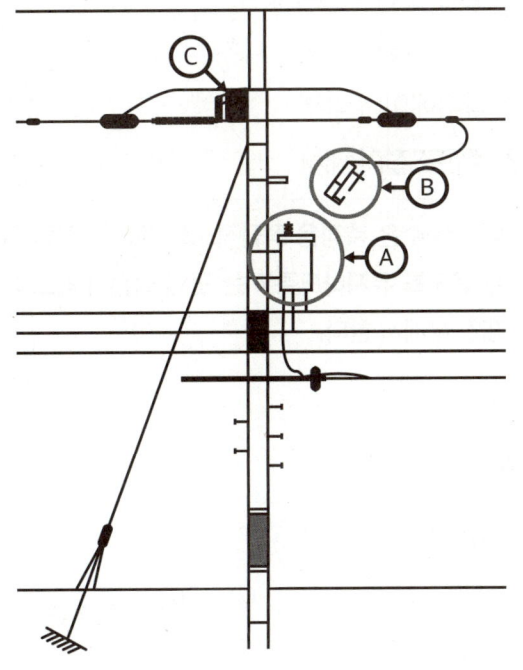

① 컷아웃스위치(COS)
② 주상변압기(P.Tr)
③ 아킹혼(Arcing horn)
④ 현수 애자

해 배전선로에서 전압을 변환하는 기기는 주상변압기

047

도시가스배관을 지하에 매설할 경우 상수도관 등 다른 시설물과의 이격 거리는 얼마 이상 유지해야 하는가?

① 10cm ② 30cm
③ 60cm ④ 100cm

048

기관 과열의 주요 원인이 아닌 것은?

① 라디에이터 코어의 막힘
② 냉각장치 내부의 물때 과다
③ 냉각수의 부족
④ 오일량 과다

해 기관 과열은 엔진오일량이나 압력과는 무관하다.

049

연소에 필요한 공기를 실린더로 흡입할 때, 먼지 등의 불순물을 여과하여 피스톤 등의 마모를 방지하는 역할을 하는 장치는?

① 과급기(super charger)
② 에어 클리너(air cleaner)
③ 플라이휠(fly wheel)
④ 냉각장치(cooling system)

050

다음 중 연소 시 발생하는 질소산화물(NOx)의 발생 원인과 가장 밀접한 관계가 있는 것은?

① 높은 연소 온도 ② 가속 불량
③ 흡입 공기 부족 ④ 소염 경계층

해 질소산화물은 대기 중의 질소 분자 또는 연료 중의 질소 성분이 높은 연소 온도에 산화되어 발생한다. 질소산화물 NOx는 기침, 가래 등 호흡기 질환의 원인이 되고 자외선, 분진 등과 반응하여 광학적 스모그의 원인이 된다.

051

디젤기관에 사용하는 분사노즐의 종류 중 틀린 것은?

① 핀틀(pintle)형
② 스로틀(throttle)형
③ 홀(hole)형
④ **싱글 포인트(single point)형**

해 - 디젤기관에서 사용하는 분사노즐에는 핀틀, 스로틀, 홀형이 있다.
  - 싱글포인트형(SPI : Single Point injection 계속 분사방식)과 멀티포인트형(MPI : Multi Point Injection 기통별 순차분사방식)으로 구분하는 것은 가솔린 기관이다.

052

기관에서 실화(miss fire)가 일어났을 때의 현상으로 맞는 것은?

① 엔진의 출력이 증가한다.
② 연료소비가 적다.
③ 엔진이 과냉 한다.
④ **엔진회전이 불량하다.**

해 실화는 정상적인 폭발 타이밍에 점화가 이뤄지지 못해 에너지가 새는 현상으로 실화가 일어나면 엔진회전이 불량해지고, 소음, 진동 등 엔진 부조가 발생한다.

053

기관의 온도를 측정하기 위해 냉각수의 수온을 측정하는 곳으로 가장 적절한 곳은?

① **실린더 헤드 물재킷 부**
② 엔진 크랭크케이스 내부
③ 라디에이터 하부
④ 수온조절기 내부

해 냉각수 수온 측정은 직접적으로 엔진을 식혀 일정한 온도를 유지하도록 하는 곳인 실린더 헤드의 물재킷 부에서 한다.

054

1kW는 몇 PS인가?

① 0.75　　② **1.36**
③ 75　　　④ 735

해 에너지 단위의 변환
  - 미터마력은 PS (국제마력)이라 하고 1PS = 0.735KW이며 1KW = 1.36 PS이다.
  - 반면에, 말한마리가 1초간 75kg.m의 일을 할 때 든 힘을 HP (영국마력)이라 하며 1HP = 0.746 KW이고 1KW = 1.34 HP 이다.

055

기관에 온도를 일정하게 유지하기 위해 설치된 물 통로에 해당 되는 것은?

① 오일팬　　② 밸브
③ **워터 자켓**　　④ 실린더 헤드

056

과급기를 부착하였을 때 이점이 아닌 것은?

① 고지대에서 출력이 감소가 작다.
② 회전력이 증가한다.
③ 기관 출력이 향상 된다.
④ 압축온도의 상승으로 착화지연 시간이 길어진다.

해 터빈을 통해 더 많은 공기를 불어넣는 과급기(터보차저)의 가장 큰 설치 목적은 흡입효율 증대를 통한 출력향상이다. 착화지연과 관련 없다.

057

보기에 나타낸 것은 어느 구성품을 형태에 따라 구분한 것인가?

〈보기〉
직접분사식, 예연소실식, 와류실식, 공기실식

① 연료분사장치   ② 연소실
③ 기관구성   ④ 동력전달장치

058

기관의 엔진오일 여과기가 막히는 것을 대비해서 설치하는 것은?

① 체크 밸브(check valve)
② 바이패스 밸브(bypass valve)
③ 오일 디퍼(oil dipper)
④ 오일 팬(oil pan)

해 바이패스란 우회하는 것을 뜻한다. 바이패스밸브는 기존밸브 라인이 막혔을 때 우회해서 유체가 빠져나갈 수 있도록 해주는 역할을 하므로 엔진오일 여과기 막히는 것 대비하여 바이패스 밸브를 설치한다.

059

경음기 스위치를 작동하지 않았는데 경음기가 계속 울리는 고장이 발생하였다면 그 원인에 해당 될 수 있는 것은?

① 경음기 릴레이의 접점이 용착
② 배터리의 과충전
③ 경음기 접지선이 단선
④ 경음기 접원 공급선이 단선

해 경음기 스위치 릴레이 용착 시 스위치 ON/OFF에 관계없이 통전하게 되어 경음기가 계속 울리게 된다.

060

무한 궤도식 굴착기의 하부 추진체 동력전달 순서로 맞는 것은?

① 기관 ⇨ 컨트롤밸브 ⇨ 센터조인트 ⇨ 유압펌프 ⇨ 주행모터 ⇨ 트랙
② 기관 ⇨ 컨트롤밸브 ⇨ 센터조인트 ⇨ 주행모터 ⇨ 유압펌프 ⇨ 트랙
③ 기관 ⇨ 센터조인트 ⇨ 유압펌프 ⇨ 컨트롤밸브 ⇨ 주행모터 ⇨ 트랙
④ 기관 ⇨ 유압펌프 ⇨ 컨트롤밸브 ⇨ 센터조인트 ⇨ 주행모터 ⇨ 트랙

해 엔진(기관)에서 생성된 동력으로 유압펌프를 작동시켜 유압을 컨트롤밸브를 거쳐 상부회전체의 중심연결부인 센터조인트로 보내고 다시 하부 구동체의 주행모터를 돌려 트랙이 움직이게 된다.

TIP! : 기유컨-센주트!

빈출 모의고사 문답암기 문제형 5회

001
디젤엔진에서 연료를 고압으로 연소실에 분사하는 것은?
① 프라이밍 펌프 ② 인젝션 펌프
③ 분사노즐(인젝터) ④ 조속기

해 injecter[인젝터]의 뜻 = 분사기, 분사장치

002
굴착기 작업 시 안정성을 주고 장비의 밸런스를 잡아 주기 위하여 설치한 것은?
① 붐 ② 스틱
③ 버킷 ④ 카운터 웨이트

해 카운터 웨이트(밸런스 웨이트)는 굴착기의 가장 뒷부분(엉덩이)에 설치되어 굴착 작업 시 균형을 유지하여 장비가 앞으로 넘어지는 것을 방지한다.

003
기관을 회전시키고 있을 때 축전지의 전해액이 넘쳐흐른다. 그 원인에 해당 되는 것은?
① 전해액량이 규정보다 5mm 낮게 들어있다.
② 기관의 회전이 너무 빠르다.
③ 팬벨트의 장력이 너무 팽팽하다.
④ 축전지가 과충전 되고 있다.

해 전해액이 넘쳐흐른다면 원인은 증류수가 규정보다 많거나 과충전 되고 있는 경우다.

004
클러치의 미끄러짐은 언제 가장 현저하게 나타나는가?
① 공회전 시 ② 저속 시
③ 가속 시 ④ 고속 시

해 저속, 고속의 정속주행이나 공회전 모두 크랭크 축에 전달되는 동력이 일정하므로 플라이휠과 클러치가 같이 밀착하여 돌아갈 때 미끄러짐이 없으나, 가속을 통해 크랭크축과 플라이휠의 회전변화량이 커지면 클러치의 미끄러짐 현상이 현저하게 나타난다.

005
빛을 받으면 전류가 흐르지만 빛이 없으면 전류가 흐르지 않는 전기 소자는?
① 발광 다이오드 ② 포토 다이오드
③ 제너 다이오드 ④ PN 접합 다이오드

006
건설기계 장비에 사용되는 12V 납산 축전지의 구성(셀수)은 어떻게 되는가?
① 약 3V의 셀이 4개로 되어있다.
② 약 4V의 셀이 3개로 되어있다.
③ 약 2V의 셀이 6개로 되어있다.
④ 약 6V의 셀이 2개로 되어있다.

007

장비에 부하가 걸릴 때 토크 컨버터의 터빈 속도는 어떻게 되는가?

① 빨라진다. ② 느려진다.
③ 일정하다. ④ 관계없다.

해 토크컨버터는 자동변속기에 적용되는 유체커플링을 통한 동력전달장치로 펌프-터빈-스테이터로 구성되어 있으며 동력전달 효율이 낮아 장비에 부하가 걸릴 때 터빈 속도는 느려진다.

008

트랙의 주요 구성품이 아닌 것은?

① 슈핀 ② 스윙기어
③ 링크 ④ 핀

해 슈, 슈핀, 링크, 핀은 굴착기의 하부 트랙 구성품이나 스윙기어는 말그대로 스윙(회전)을 담당하는 상부회전체의 구성품이다.

009

기중 작업에서 물체의 무게가 무거울수록 붐 길이와 각도는 어떻게 하는 것이 좋은가?

① 붐 길이는 길게, 각도는 크게
② 붐 길이는 짧게, 각도는 그대로
③ 붐 길이는 짧게, 각도는 작게
④ 붐 길이는 짧게, 각도는 크게

해 붐 길이는 짧게, 각도는 크게하여 최대한 크레인의 무게중심에서 멀어지지 않도록하여 균형을 유지해야 한다.

010

타이어식 건설기계에서 브레이크를 연속하여 자주 사용하면 브레이크 드럼이 과열되어, 마찰계수가 떨어지며 브레이크가 잘 듣지 않는 것으로서 짧은 시간 내에 반복 조작이나 내리막길을 내려갈 때 브레이크 효과가 나빠지는 현상은?

① 노킹 현상
② 페이드 현상
③ 하이드로 플레이닝 현상
④ 채터링 현상

011

자동차 전용도로의 정의로 가장 적합한 것은?

① 자동차만 다닐 수 있도록 설치된 도로
② 보도와 차도의 구분이 없는 도로
③ 보도와 차도의 구분이 있는 도로
④ 자동차 고속 주행의 교통에만 이용되는 도로

012

무면허 건설기계 조종사에 대한 벌금은?

① 300만 원 이하의 벌금
② 100만 원 이하의 벌금
③ 1000만 원 이하의 벌금
④ 500만 원 이하의 벌금

해 건설기계관리법은 건설 기계 조종사 면허를 받지 않고 건설 기계를 조종한 사람을 1년 이하의 징역 또는 1천만원 이하의 벌금에 처한다고 규정하고 있다.

013

유압식 굴착기에서 센터 조인트의 기능은?

① 스티어링 링키지의 하나로 차체의 중앙 고정축 주위에 움직이는 암이다.
② 상부 회전체의 오일을 하부 주행모터에 공급한다.
③ 전·후륜의 중앙에 있는 디퍼렌셜을 가르키는 것이다.
④ 물체가 원운동을 하고 있을 때 그 물체에 작용하는 원심력으로서 원의중심에서 멀어지는 기능을 하는 것이다.

014

도로교통법상 가장 우선하는 신호는?

① 경찰공무원의 수신호
② 신호기의 신호
③ 운전자의 수신호
④ 안전표지의 지시

015

건설기계등록신청은 관련법상 건설기계를 취득한 날로부터 얼마의 기간 이내 하여야 되는가?

① 5일   ② 15일
③ 1월   ④ 2월

016

도로교통법에 위반되는 행위는?

① 건널목 바로 전에 일시 정지하였다.
② 야간에 교행 할 때 전조등의 광도를 강하하였다.
③ 비탈길 고갯마루 부근에서 앞지르기를 하였다.
④ 주간에 방향을 전환할 때 방향 지시등을 켰다.

해 앞지르기 금지 장소
교차로 / 터널 안 / 다리 위 / 도로의 구부러진 곳 / 비탈길의 고갯마루 부근 / 가파른 비탈길의 내리막

017

건설기계를 검사유효기간 만료 후에 계속 운행하고자 할 때는 어느 검사를 받아야 하는가?

① 신규등록검사   ② 계속검사
③ 수시검사   ④ 정기검사

018

다음 중 정차 및 주차가 금지되어 있지 않은 장소는?

① 횡단보도
② 교차로
③ 경사로의 정상부근
④ 건널목

019

유압유에 사용되는 첨가제 중 산의 생성을 억제함과 동시에 금속의 표면에 부식억제 피막을 형성하여 산화 물질이 금속에 직접 접촉하는 것을 방지하는 것은?

① 산화 방지제　　② 산화 촉진제
③ 소포제　　④ 방청제

020

유압모터에서 소음과 진동이 발생할 때의 원인이 아닌 것은?

① 내부 부품의 파손
② 작동유 속에 공기의 혼입
③ 체결 볼트의 이완
④ 펌프의 최고 회전속도 저하

해 유압모터의 소음과 진동은 내부 부품 파손이나 볼트 이완 등 기계적 마찰 또는 작동유 속 공기 혼입으로 인한 캐비테이션 현상 등이 원인이며 펌프 회전이 저하되는 것은 소음진동 발생 원인으로 볼 수 없다.

021

유압 장치의 과부하 방지와 유압기기의 보호를 위하여 최고압력을 규제하고 유압 회로 내의 필요한 압력을 유지하는 밸브는?

① 압력제어 밸브　　② 유량제어 밸브
③ 방향제어 밸브　　④ 온도제어 밸브

해 최고압력을 규제하여 유압장치의 과부하를 방지하고 회로를 보호하는 밸브는 압력제어밸브. 대표적인 압력제어 밸브인 릴리프밸브의 특징을 묻는 문제로도 출제된다.

022

유압탱크의 구비조건과 가장 거리가 먼 것은?

① 적당한 크기의 주유구 및 스트레이너를 설치한다.
② 드레인(배출밸브) 및 유면계를 설치한다.
③ 오일에 이물질이 혼입되지 않도록 밀폐 되어야 한다.
④ 오일 냉각을 위한 쿨러를 설치한다.

해 유압탱크의 구성품은 TIP! : 플스주면배플 쿨러는 유압탱크 구성품이 아니다.

023

일반적으로 유압펌프 중 가장 고압, 고효율인 것은?

① 베인 펌프　　② 플런저 펌프
③ 2단 베인 펌프　　④ 기어 펌프

해 구조적으로 피스톤 펌프나 플런저 펌프가 가장 높은 압력에 견딘다. (둘 다 주사기 모양처럼 생겼다.)

024

유압장치에서 방향제어밸브의 설명 중 맞는 것은?

① 오일의 흐름 방향을 바꿔주는 밸브이다.
② 오일의 압력을 바꿔주는 밸브이다.
③ 오일의 유량을 바꿔주는 밸브이다.
④ 오일의 온도를 바꿔주는 밸브이다.

025

온도변화에 따른 점도변화가 큰 오일의 점도지수는?
① 점도지수가 높은 것이다.
② 점도지수가 낮은 것이다.
③ 점도지수는 변하지 않는 것이다.
④ 점도변화와 점도지수는 무관하다.

해 점도지수는 오일의 안정성을 나타내는 지표로 온도변화에 따른 점도변화가 적을수록 지수가 높다. 따라서 온도변화에 따른 점도변화가 크다면 점도지수는 낮은 것이다.

026

유압장치의 일상점검 개소가 아닌 것은?
① 오일의 양 점검
② 변질상태 점검
③ 오일의 누유 여부 점검
④ 탱크 내부 점검

해 유압오일 양, 상태, 누유여부는 일상점검 사항이나 탱크 내부 점검은 운전자가 일상적으로 할 수 없다.

027

유압 실린더의 움직임이 느리거나 불규칙 할 때의 원인이 아닌 것은?
① 피스톤 링이 마모 되었다.
② 유압유의 점도가 너무 높다.
③ 회로 내에 공기가 혼입되고 있다.
④ 체크 밸브의 방향이 반대로 설치되어 있다.

해 피스톤링 마모, 과도한 점도상태, 공기유입(캐비테이션 현상)은 실린더의 작동지연과 더불어 불규칙한 움직임의 원인이 되지만, 체크밸브는 유압의 흐름을 한쪽 방향으로만 되도록 설정하여 역류를 방지하는 방향제어 밸브로 체크밸브의 방향이 반대로 설치되면 유압유가 모두 빠져나가 아예 작동불능상태가 될 것이다.

028

연료 파이프의 피팅을 풀 때 가장 알맞은 렌치는?
① 소켓 렌치   ② 복스 렌치
③ 오픈 앤드 렌치   ④ 탭 렌치

해 오픈 앤드 렌치는 너트를 완전히 원형으로 감싸 돌릴 수 있는 복스(box)렌치와 달리 한쪽 끝이 뚫려 있어 파이프류의 피팅을 풀거나 잠글 때 유용하다.

029

연소의 3요소에 해당되지 않는 것은?
① 물   ② 공기
③ 점화원   ④ 가연물

해 불은 연료(가연물), 열(점화원), 산소 등 3가지 조건이 갖추어 져야만 불의 발생이 가능하다는 점에서 연소의 3요소라 한다.

030

드릴(drill)기기를 사용하여 작업할 때 착용을 금지하는 것은?

① 안전화　　　　② 장갑
③ 작업모　　　　④ 작업복

031

건설기계 장비의 운전 중에도 안전을 위하여 점검하여야 하는 것은?

① 계기판 점검
② 냉각수량 점검
③ 타이어 압력 측정 및 점검
④ 팬벨트 장력 점검

032

유류 화재 시 소화방법으로 가장 부적절한 것은?

① B급 화재 소화기를 사용한다.
② 다량의 물을 부어 끈다.
③ 모래를 뿌린다.
④ ABC소화기를 사용한다.

033

산소 아세틸렌 가스용접에서 토치의 점화 시 작업의 우선순위 설명으로 올바른 것은?

① 토치의 아세틸렌 밸브를 먼저 연다.
② 토치의 산소 밸브를 먼저 연다.
③ 산소 밸브와 아세틸렌 밸브를 동시에 연다.
④ 혼합가스밸브를 먼저 연 다음 아세틸렌 밸브를 연다.

034

안전한 작업을 하기 위하여 작업 복장을 선정할 때의 유의사항으로 가장 거리가 먼 것은?

① 화기사용 작업에서 방염성, 불연성의 것을 사용하도록 한다.
② 착용자의 취미, 기호 등에 중점을 두고 선정한다.
③ 작업복은 몸에 맞고 동작이 편하도록 제작한다.
④ 상의의 소매나 바지 자락 끝 부분이 안전하고 작업하기 편리하게 잘 처리된 것을 선정한다.

035

소화하기 힘든 정도로 화재가 진행된 현장에서 제일 먼저 취하여야 할 조치사항으로 가장 올바른 것은?

① 소화기 사용　　② 화재 신고
③ 인명 구조　　　④ 경찰서에 신고

036

지하구조물이 설치된 지역에 도시가스가 공급되는 곳에서 굴착기를 이용하여 굴착공사 중 지면에서 0.3m 깊이에서 물체가 발견되었다. 예측할 수 있는 것으로 맞는 것은?

① 도시가스 입상관
② 도시가스 배관을 보호하는 보호관
③ 가스 차단장치
④ 수취기

037

도로 굴착자는 되메움 공사 완료 후 최소 몇 개월 이상 지반 침하 유무를 확인하여야 하는가?

① 1개월 ② 2개월
③ 3개월 ④ 4개월

038

특고압 전선로 부근에서 건설기계를 이용한 작업 방법 중 틀린 것은?

① 지상 감시자를 배치하고 감시하도록 한다.
② 작업을 시작하기 전에 관할 시설 관리자에게 연락하여 도움을 요청한다.
③ 붐이 전선에 접촉만 하지 않으면 상관없다.
④ 작업 전 고압전선의 전압을 확인하고, 안전거리를 파악한다.

해 특고압 송전선로 부근은 접촉이 없더라도 유도전압에 의해 감전될 수 있으므로 접근에 주의해야한다.

039

기관에서 압축가스가 누설되어 압축 압력이 저하될 수 있는 원인에 해당 되는 것은?

① 워터펌프의 불량
② 매니폴더 개스킷의 불량
③ 냉각팬의 벨트 유격 과대
④ 실린더 헤드 개스킷 불량

해 실린더 헤드 개스킷 불량 시 연소실의 압축가스가 실린더 헤드 외부로 누설되어 압축압력이 저하된다.

040

다음 중 커먼레일 연료분사장치의 고압 연료 펌프에 부착된 것은?

① 압력 제어 밸브
② 압력 제한 밸브
③ 유량 제한기
④ 커먼레일 압력센서

해 커먼레일 연료분사장치의 고압연료 펌프에는 압력이 과도하게 상승하지 않도록 최고압력을 제한하여 계통을 보호하는 압력제어 밸브가 부착되어 있다.

041

국내에서 디젤기관에 규제하는 배출 가스 중 가장 중요한 것은?

① 탄화수소   ② 이산화탄소
③ 공기과잉율(λ) ④ 매연

042

오일 팬에 있는 오일을 흡입하여 기관의 각 운동 부분에 압송하는 오일펌프로 가장 많이 사용되는 것은?

① 피스톤 펌프, 나사펌프, 원심펌프
② 나사펌프, 원심펌프, 기어펌프
③ 로터리 펌프, 기어펌프, 베인펌프
④ 기어펌프, 원심펌프, 베인펌프

해 오일펌프 대표적 종류 TIP! : 기로베플! (**기**어식, **로**터리식, **베**인식, **플**런저식)

043

기관의 실린더 수가 많은 경우 장점이 아닌 것은?
① 회전력의 변동이 적다.
② 회전의 응답성이 양호하다.
③ 흡입공기의 분배가 간단하고 쉽다.
④ 소음이 감소된다.

해 6기통 대형세단을 생각해보자. 실린더 수가 많으면 정숙하고, 회전력 변동이 적어도 충분한 출력을 내며, 응답성이 양호하다. 하지만 흡입공기를 각 기통에 나누는 분배가 어려우며 기술력을 요한다.

044

기관의 예방정비 시에 운전자가 해야 할 정비와 관계가 먼 것은?
① 연료 여과기의 엘리먼트 점검
② 연료 파이프의 풀림 상태 조임
③ 냉각수 보충
④ 딜리버리 밸브 교환

해 딜러버리 밸브는 연료분사펌프 구성품으로 운전자가 할 수 있는 예방정비 부품이 아니다.

045

기관에서 크랭크축의 역할은?
① 기관의 진동을 줄이는 장치이다.
② 직선운동을 회전운동으로 변환시키는 장치이다.
③ 원운동을 직선운동으로 변환시키는 장치이다.
④ 원활한 직선운동을 하는 장치이다.

해 크랭크축은 피스톤의 직선운동을 회전운동으로 변환시키는 장치이다.

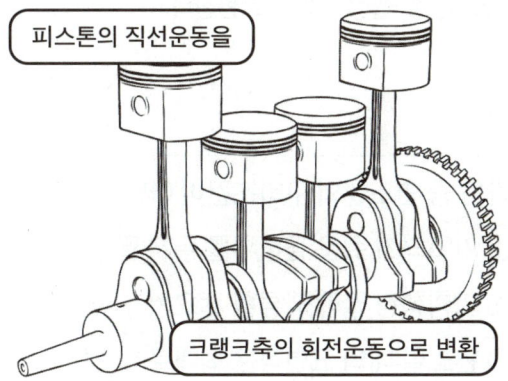

046

무한궤도식 굴착기의 주행방법 중 틀린 것은?
① 가능하면 평탄한 길을 택하여 주행한다.
② 요철이 심한 곳에서는 엔진 회전수를 높여 통과한다.
③ 돌이 주행모터에 부딪치지 않도록 한다.
④ 연약한 땅은 피해서 간다.

047

다음 중 냉각장치에 냉각수가 줄어든다. 원인과 정비방법 중 설명이 틀린 것은?

① 워터펌프 불량 : 조정
② 라디에이터 캡 불량 : 부품 교환
③ 히터 혹은 라디에이터 호스 불량 : 수리 및 부품 교환
④ 서머 스타트 하우징 불량 : 개스킷 및 하우징 교체

🔷 워터펌프 불량 시에는 교환한다.

048

다음 중 연소실의 구비조건이 아닌 것은?

① 가열되기 쉬운 돌출부를 두지 말 것
② 압축행정 끝에 와류를 일으키게 할 것
③ 연소실 내의 표면적은 최대로 할 것
④ 밸브 면적을 크게 하여 흡·배기작용을 원활히 할 것

🔷 연소실의 표면적은 최대한 작아야 화염전파 속도가 빠르고 냉각에 의한 열 손실이 적다.

049

기관에서 피스톤 구비조건이 아닌 것은?

① 무게가 가벼워야 한다.
② 내마모성이 좋아야 한다.
③ 열의 보온성이 좋아야 한다.
④ 고온에서 강도가 높아야 한다.

🔷 피스톤은 항상 고온상태를 견뎌야 하므로 보온성이 아니라 내열성이 좋아야 한다.

050

밸브 오버랩은 밸브의 어떤 상태를 말하는가?

① 흡기밸브만 열려 있는 상태
② 배기밸브만 열려 있는 상태
③ 흡기, 배기밸브 모두 열려 있는 상태
④ 흡기, 배기밸브 모두 닫혀 있는 상태

🔷 밸브 오버랩은 피스톤이 상사점 부근에 있을 때 흡기 배기밸브 모두 열려 있는 상태를 말한다.

051

다음 중 플라이휠과 관계없는 것은?

① 회전력을 균일하게 한다.
② 링 기어를 설치하여 기관의 시동을 걸 수 있게 한다.
③ 동력을 전달한다.
④ 무부하 상태로 만든다.

🔷 플라이 휠은 크랭크축에 연결되어 같이 회전하며 기관의 맥동적인 회전을 관성력을 이용 원활한 회전으로 바꾸어 주는 역할을 한다. 무부하 상태로 만드는 것은 클러치이다.

052

엔진 윤활유에 대하여 설명한 것 중 틀린 것은?

① 온도에 의한 점도 변화가 적어야 한다.
② 응고점이 낮은 것이 좋다.
③ 인화점이 낮은 것이 좋다.
④ 유막이 끊어지지 않아야 한다.

🔷 인화점이 낮으면 낮은 온도에서 불이 붙어 위험하므로 인화점은 높아야 좋다.

053

건설기계장비 운전자가 연료탱크의 배출 콕을 열었다가 잠그는 작업을 하고 있다면 무엇을 배출하기 위한 예방 정비 작업인가?

① 오물 및 수분
② 엔진오일
③ 유압오일
④ 공기

해 연료탱크의 배출 콕(드레인 플러그)을 열었다가 잠그는 작업은 탱크 내 수분과 불순물 배출을 위해서다.

054

축전지(battery) 내부에 들어가는 것이 아닌 것은?

① 격리판
② 단자기둥(터미널)
③ 음극판
④ 양극판

해 축전지 내부구성 - 음극판, 양극판, 격리판, 전해액으로 구성
양극판에 과산화납, 음극판에 해면상납, 전해액으로는 묽은 황산을 사용한다.

055

야간작업 시 헤드라이트가 한쪽만 점등되었다. 고장 원인으로 가장 거리가 먼 것은?

① 한 쪽 회로의 퓨즈 단선
② 전구 불량
③ 전구 접지 불량
④ 헤드라이트 위치 불량

해 헤드라이트 위치는 고장원인이 아니다.

056

굴착기의 기동전동기가 과열될 때 고장 원인이 아닌 것은?

① 발전기의 단선
② 기동전동기 계자코일의 단락
③ 과부하
④ 시동회로 전선의 스파크

해 기동전동기 과열 시 과부하로 인해 계자코일이 끊어지거나 시동회로 전선에 스파크가 발생되어 고장의 원인이 된다. 하지만 배터리의 전기 통해 모터를 돌려 엔진을 시동시키는 기동전동기의 과열은 생산된 모터 회전을 역으로 이용하여 전자석을 통해 전기를 발생시키는 발전기의 단선과는 관련이 없다.

057

기관의 배기가스 색이 회백색이라면 고장 예측으로 가장 적절한 것은?

① 소음기의 막힘
② 노즐의 막힘
③ 흡기필터의 막힘
④ 피스톤 링의 마모

해 피스톤 링 마모로 피스톤 아래쪽 크랭크 케이스의 윤활유가 연소실로 유입되어 연료와 함께 연소되면 배기가스 색상이 회백색이 된다. 그 외 실리더 내벽의 마모 역시 윤활유 연소 및 회백색 배기가스의 원인이다.

058

굴착기의 발전기가 충전 작용을 하지 못하는 경우에 점검 사항이 아닌 것은?

① 솔레노이드 스위치
② 충전회로
③ 발전기 구동벨트
④ 레귤레이터

해 솔레노이드 스위치는 저전류 스위치의 도움으로 고전류 회로, 기동전동기 회로와 같은 고전류 회로가 작동하는 곳에 사용되는 전기 스위치로 발전기 충전 불능과는 관련이 없다.

059

공기 브레이크에서 브레이크 슈를 직접 작동시키는 것은?

① 유압
② 릴리프 밸브
③ 캠
④ 브레이크 페달

해 브레이크 슈를 직접 작동시키는 것은 브레이크 캠이다.

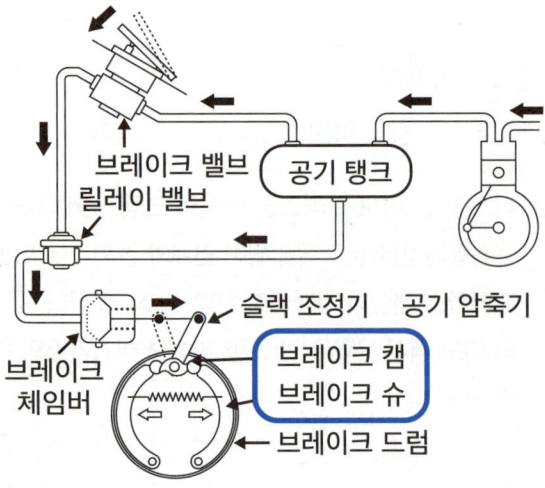

060

다음 중 토크 컨버터의 출력이 가장 큰 경우는? (단, 기관속도는 일정함)

① 변환비가 1 : 1 일 경우
② 항상 일정함
③ 임펠러의 속도가 느릴 때
④ 터빈의 속도가 느릴 때

해 토크컨버터는 플라이휠로부터 동력을 전달 받아 내부 오일을 이용 터빈을 돌려 변속기에 동력을 전달한다. 이는 마치 두 개의 선풍기가 마주보고 있는 상태에서 둘 중 하나의 선풍기가 작동하면 맞은 편 선풍기의 바람개비도 돌아가는 것과 같은 원리로 토크컨버터의 펌프가 최대속도로 회전할 때 (최고 출력), 터빈 속도는 여전히 느리며, 차량은 서서히 부드럽게 출발하게 된다. 이후 펌프와 터빈의 속도가 같아질 때 정속주행, 최대효율(토크변환비 1:1)을 내지만, 속도가 올라갈수록 펌프와 터빈 사이 오일 미끄럼으로 인한 동력손실이 증가하여 효율이 급격히 떨어진다.

MEMO

03

굴착기기능사

기출스피드 문답 암기 300제

1. 기출스피드 문답 암기 300제 Part 1
2. 기출스피드 문답 암기 300제 Part 2
3. 기출스피드 문답 암기 300제 Part 3

기출스피드 문답 암기 300제 Part 1

001

굴착기 트랙의 구성품은

▶ 슈, 슈볼트, 링크, 부싱, 핀!

002

엔진오일 압력이 떨어지는 원인

가. 오일펌프 마모 및 파손 되었을 때

나. 오일이 과열되고 점도가 낮을 때

다. 오일 팬 속에 오일량이 부족할 때

(압력조절밸브 고장으로 열리지 않을 때 (×))

003

기관이 작동되는 상태에서 점검 가능한 사항

가. 냉각수의 온도

나. 충전상태

다. 기관 오일의 압력

(엔진 오일량 (×))

004

흡기 장치의 요구 조건

가. 전 회전 영역에 걸쳐서 흡입효율이 좋아야 한다.

나. 균일한 분배성을 가져야 한다.

다. 연소속도를 빠르게 해야 한다.

(흡입부에 와류가 발생할 수 있는 돌출부를 설치해야 한다. (×))

005

기관에서 연료압력이 너무 낮다. 그 원인이 아닌 것은?

가. 연료필터가 막혔다.

나. 리턴호스에서 연료가 누설된다.

다. 연료펌프의 공급압력이 누설되었다.

라. 연료압력 레귤레이터에 있는 밸브의 밀착이 불량하여 리턴포트 쪽으로 연료가 누설되었다.

해 연료 공급 시의 압력을 말한다. 연료(공급)압력이 낮다면 연료 공급이 원활하지 못하다는 뜻으로 연료필터가 막혔거나 연료펌프의 공급압력 누설, 또는 압력센서가 부착되어 일정 차압을 유지해주는 레귤러이터의 밸브 밀착불량 등이 원인이다. 하지만 리턴호스쪽의 압력은 사이클 상 연료탱크로 귀환하는 통로로 연료(공급)압력에 영향을 미치지 않는다.

006

기관의 냉각팬이 회전할 때 공기가 불어가는 방향은?

▶ 방열기 방향

007

크랭크축의 위상각이 180° 이고 5개의 메인 베어링에 의해 크랭크 케이스에 지지되는 엔진은?

▶ 4실린더 엔진

해 위상각이 180도라는 말은 입력과 출력의 위상차이가 180도 차이로 서로 반대방향으로 작용한다는 뜻으로 이해하면 된다. 즉, 흡입-압축-폭발-배기의 4행정 사이클에서 크랭크 축의 회전 범위는 90도에서 -90도 범위로 180도 위상차이를 가지며, 5개의 메인베어링(저널베어링)으로 크랭크 케이스에 지지된다.

008

4행정 싸이클 기관의 행정 순서로 맞는 것은?

▶ 흡입 ⇨ 압축 ⇨ 동력(폭발) ⇨ 배기

009

오일 스트레이너 (Oil Strainer)

가. 보통 철망으로 만들어져 있으며 비교적 큰 입자의 불순물을 여과한다.

나. 고정식과 부동식이 있으며 일반적으로 고정식이 많이 사용되고 있다.

다. 불순물로 인하여 여과망이 막힌 때에는 오일이 통할 수 있도록 바이패스 밸브(by-pass valve)가 설치된 것도 있다.

(오일필터에 있는 오일을 여과하여 각 윤활부로 보낸다. (×))

해 오일을 각 윤활부로 보내는 것은 오일펌프의 역할이다.

010

작업 중 운전자가 확인해야 할 것

가. 온도계기

나. 전류계기

다. 오일압력계기

(실린더 압력 (×))

해 실린더 압력은 운전자가 작업 중에 확인하기 어렵다.

011

기관이 과열되는 원인

가. 분사시기의 부적당

나. 냉각수 부족

다. 물재킷 내의 물때 형성

(팬벨트의 장력 과다 (×))

012

기관에서 터보차저에 대한 설명으로 틀린 것은?

가. 흡기관과 배기관 사이에 설치된다.
나. 과급기라고도 한다.
다. 기관 출력을 증가시킨다.
라. 배기가스 배출을 위한 일종의 블로워(blower)이다.

013

디젤기관에서 터보차저의 기능은?
▶ 실린더 내에 공기를 압축 공급하는 장치이다.

014

다음 중 커먼레일 디젤기관의 연료장치 구성품이 아닌 것은?

가. 고압펌프
나. 커먼레일
다. 인젝터
라. 공급펌프

해 커먼레일 연료분사장치는 기존 저압공급펌프를 활용한 기계적인 방식을 개선하여 연료를 고압으로 압축하여 전자신호로 연료분사를 제어하는 시스템으로 효율, 성능은 높이고 소음, 진동을 줄였다.

015

수냉식 기관이 과열되는 원인

가. 규정보다 적게 냉각수를 넣었을 때
나. 방열기의 코어가 20%이상 막혔을 때
다. 규정보다 높은 온도에서 수온 조절기가 열릴 때
(수온 조절기가 열린 채로 고정되었을 때 (×))

해 수온조절기는 냉각수 수도꼭지라 생각하자. 열린 채 고정되면 냉각수가 콸콸~ 과냉된다.

016

다음 설명에서 올바르지 않은 것은?

가. 장비의 그리스 주입은 정기적으로 하는 것이 좋다.
나. 엔진오일 교환 시 여과기도 같이 교환한다.
다. 최근의 부동액은 4계절 모두 사용하여도 무방하다.
라. 장비운전 작업 시 기관회전수를 낮추어 운전한다.

017

건설기계관리법상 건설기계조종사 면허를 받지 아니하고 건설기계를 조종한 자에 대한 벌칙은?
▶ 1년이하 징역 또는 1천만원 이하 벌금

018

최고 속도의 100분의 20을 줄인 속도로 운행하여야 할 경우는?

가. 비가 내려 노면이 젖어 있을 때
나. 노면이 얼어붙은 때
다. 폭우, 폭설, 안개 등으로 가시거리가 100미터 이내일 때
라. 눈이 20밀리미터 이상 쌓인 때

해 (나), (다), (라)는 최고속도의 100분의 50을 줄인 속도로 운행

019

노면표지 중 진로변경 제한선은 백색 실선으로 진로변경을 할 수 없다!

020

건설기계를 등록 전에 일시적으로 운행할 수 있는 경우가 아닌 것은?

가. 등록신청을 위하여 건설기계를 등록지로 운행하는 경우
나. 신규등록검사 및 확인검사를 받기 위하여 건설기계를 검사장소로 운행하는 경우
다. 수출을 하기 위하여 건설기계를 선적지로 운행하는 경우
라. 건설기계를 대여하고자 하는 경우

021

일체식 실린더의 특징

가. 냉각수 누출 우려가 적다.
나. 부품수가 적고 중량이 가볍다.
다. 강성 및 강도가 크다.
(라이너 형식보다 내마모성이 높다. (×))

해 일체식 실린더는 실린더 블록과 같은 재질로 제작하여 실린더 벽 마모에 취약하다. 부피와 무게가 적고 냉각수가 실린더 블록 안에 위치하여 누출우려가 적지만 실린더 벽이 마멸되면 보링(boring)을 해야하며 재사용이 불가능하므로 주로 소형차에 사용한다.

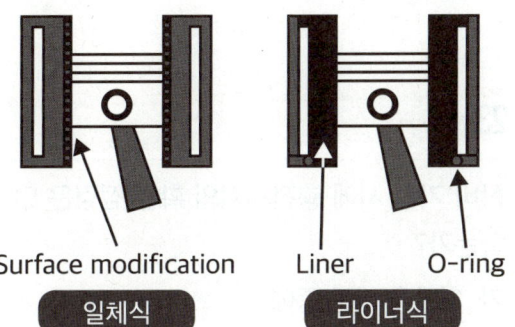

일체식 / 라이너식

022

기동전동기 동력전달 기구인 벤딕스식의 설명으로 적합한 것은?

▶ 피니언의 관성과 전동기의 고속회전을 이용하여 전동기의 회전력을 엔진에 전달한다.

해 벤딕스 스타터란, 기동 전동기 형식의 일종으로 회전축이 웜기어로 되어 있어 이를 축으로 하여 피니언을 돌려 플라이 휠의 링기어에 물리게 된다.

023

장비 기동 시에 충전계기의 확인 점검은 언제 하는가?

가. 기관을 가동 중에
나. 주간 및 월간 점검시에
다. 현장관리자 입회시에
라. 램프에 경고등이 착등 되었을 때

024

축전지(battery) 내부에 들어가는 것이 아닌 것은?

가. 양극판　　　나. 음극판
다. 격리판　　　라. 단자기둥

해 축전지 내부 구성 - **양**극판, **음**극판, **격**리판

TIP! : 양음격!

025

건설기계의 운전 전 점검 사항을 나타낸 것으로 적합하지 않은 것은?

가. 라디에이터의 냉각수량 확인 및 부족시 보충
나. 엔진 오일량 확인 및 부족시 보충
다. V밸트 상태확인 및 장력 부족시 조정
라. 배출가스의 상태확인 및 조정

해 배출가스 상태확인은 운전 후 점검 사항

026

타이어식 건설기계의 액슬 허브에 오일을 교환하고자 한다. 오일을 배출시킬 때와 주입할 때의 플러그 위치로 옳은 것은?

▶ 배출 6시 방향, 주입 9시 방향

해 엑슬허브 오일교환은 기억자만 기억하자.

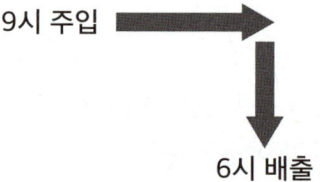

027

수동변속기에서 클러치의 필요성으로 틀린 것은?

가. 기동의 동력을 전달 또는 차단하기 위해
나. 엔진 기동 시 무부하 상태로 놓기 위해
다. 변속을 위해
라. 속도를 빠르게 하기 위해

028

수동변속기가 장착된 건설기계장비에서 주행 중 기어가 빠지는 원인

가. 기어의 물림이 덜 물렸을 때
나. 기어의 마모가 심할 때
다. 변속기의 록 장치가 불량할 때
  (클러치의 마모가 심할 때 (×))

해 주행 중 기어 빠짐은 변속기의 문제이다. 클러치 마모 시에는 가속페달을 밟아도 차속 증속이 잘 되지 않거나, 소음 등의 원인이 되나 주행 중 기어가 빠지는 원인은 아니다.

029

트랙장치의 트랙 유격이 너무 커졌을 때는
▶ 트랙이 벗겨지기 쉽다.

030

도로를 주행할 때 포장 노면의 파손을 방지하기 위해 주로 사용하는 트랙 슈는?
▶ 평활 슈

031

장비에 부하가 걸릴 때 토크 컨버터의 터빈 속도는 어떻게 되는가?
▶ 느려진다.

해 토크컨버터는 자동변속기에 적용되는 유체커플링을 통한 동력전달장치로 펌프-터빈-스테이터로 구성되어 있으며 동력전달 효율이 낮아 장비에 부하가 걸릴 때 터빈 속도는 느려진다.

032

타이어식 건설기계를 길고 급한 경사길을 운전할 때 반 브레이크를 사용하면 어떤 현상이 생기는가?
▶ 라이닝에는 페이드 현상, 파이프에는 베이퍼록 현상이 발생한다.

해 긴 내리막길에서 반 브레이크를 지나치게 자주 사용할 시 발생하는 마찰열로 인해 브레이크 오일 파이프 속에 기포가 형성되어 브레이크가 잘 작동되지 않는 베이퍼 록 현상과 마찰열로 마찰재인 라이닝의 내열온도를 초과하여 가스화가 진행되는데 이 가스가 윤활제로 작용하여 마찰계수를 떨어뜨려 브레이크가 밀리거나 작동되지 않는 현상인 페이드 현상이 발생

033

무한궤도식 건설기계에서 트랙 장력이 약간 팽팽할 때 작업이 오히려 효과적인 경우는?

가. 물이 고여 있는 땅
나. 진흙 땅
다. 바위가 깔린 땅
라. 모래가 있는 땅

034

타이어타입 건설기계를 조종하여 작업을 할 때 주의하여야 할 사항으로 **틀린 것은?**

가. 노견의 붕괴방지 여부
나. 지반의 침하방지 여부
다. 작업 범위 내에 물품과 사람 배치
라. 낙석의 우려가 있으면 운전실에 헤드가이드를 부착

035

건설기계조종사 면허증 발급 신청 시 첨부하는 서류와 가장 거리가 먼 것은?

가. 국가기술자격수첩
나. 신체검사서
다. 주민등록표등본
라. 소형건설기계조종교육 이수증

036

건설기계의 주요구조 변경 / 개조 범위

가. 조향장치의 형식변경
나. 동력전달장치의 형식변경
다. 건설기계의 길이, 너비 및 높이 등의 변경
  (적재함의 용량증가를 위한 구조변경 (×))

037

건설기계 등록신청은?

▶ 시·도지사에게 취득한 날로부터 2개월 이내에 등록신청을 한다.
  (단 전시, 사변 등 국가비상사태 하의 경우 5일 이내)

038

건설기계 등록 전 **임시운행 사유**

가. 등록신청을 하기 위하여 건설기계를 등록지로 운행하고자 할 때
나. 수출을 하기 위해 건설기계를 선적지로 운행할 때
다. 신개발 건설기계를 시험 운행하고자 할 때
  (등록신청 전에 건설기계 공사를 하기 위하여 임시로 운행하고자 할 때 (×))

039

유압장치에서 **방향제어밸브**에 해당하는 것은?

가. 셔틀밸브
나. 릴리프밸브
다. 시퀀스밸브
라. 언로드밸브

해 **방**향제어밸브 - TIP! : 방체감스셔
  (**체**크밸브, **감**속밸브, **스**풀밸브, **셔**틀밸브)

040

올바른 스패너를 사용법
▶ 너트를 스패너에 깊이 물리고 조금씩 앞으로 당기는 식으로 풀고 조인다.

041

유압 실린더의 과도한 자연 낙하 현상이 발생원인
가. 실린더 내의 피스톤 실링이 마모
나. 컨트롤 밸브 스풀이 마모
다. 릴리프 밸브의 조정 불량
　(작동 압력이 높을 때 (×))

해 실린더의 자연 낙하가 과도하다는 것은 압력의 누설이나 손실이 크다는 것으로 피스톤 실링의 마모, 컨트롤밸브의 스풀 마모, 릴리프 밸브 조정불량 모두 압력누설/손실의 원인이 된다.

042

유압유가 과열되는 원인
가. 릴리프 밸브(Relief valve)가 닫힌 상태로 고장일 때
나. 오일 냉각기의 냉각핀이 오손되었을 때
다. 유압유가 부족할 때
　(유압유량이 규정보다 많을 때 (×))

043

다음 보기에서 작업자의 올바른 안전 자세로 모두 짝지어진 것은?

〈보기〉
a. 자신의 안전과 타인의 안전을 고려한다.
b. 작업에 임해서는 아무런 생각 없이 작업한다. (×)
c. 작업장 환경 조정을 위해 노력한다.
d. 작업 안전사항을 준수한다.

가. a, b, c
나. **a, c, d**
다. a, b, d
라. a, b, c, d

044

유압회로에서 역류를 방지하고 회로 내의 잔류압력을 유지하는 밸브는?
가. **체크 밸브**
나. 셔틀 밸브
다. 메뉴얼 밸브
라. 스로틀 밸브

해 역류방지, 잔압유지 - 체크밸브

045

납산축전지를 오랫동안 방전상태로 두면 사용하지 못하게 되는 원인은?
▶ 극판이 영구 황산납이 되기 때문이다.

046

건설기계대여업 등록신청서에 첨부 서류

가. 건설기계 소유사실을 증명하는 서류

나. 사무실의 소유권 또는 사용권이 있음을 증명하는 서류

다. 주기장 소재지를 관할하는 시장·군수·구청장이 발급한 주기장 시설보유 확인서

(주민등록표등본 (×))

047

과실로 경상 6명의 인명피해를 입힌 건설기계를 조종한 자의 처분기준은?

▶ 면허효력정지 30일

■ 건설기계 조종 과실로 중대한 사고를 일으킨 때
- 사망 1명 마다 : 효력정지 45일
- 중상 1명 마다 : 효력정지 15일
- 경상 1명 마다 : 효력정지 5일
- 재산피해 50만원 마다 효력정지 1일
  (단, 90일을 넘지 못함)

048

등록되지 아니한 건설기계를 사용하거나 운행한 자에 대한 벌칙은?

▶ 2년 이하 징역 또는 2000만 원 이하 벌금

■ 2년 이하의 징역, 2,000만 원 이하의 벌금
① 무등록 건설기계를 사용, 운행한 자
② 등록 말소된 건설기계를 사용, 운행한 자
③ 시·도지사 지정 받지 않고 등록번호표 제작하거나 등록번호를 새긴 자
④ 제작한 건설기계의 결함 시정 명령 이행하지 아니한 자
⑤ 무등록, 거짓 등록 건설기계사업
⑥ 등록취소되거나 사업 정지된 건설기계사업자 계속 사업한 자

049

과태료 처분에 불복이 있는 자는 그 처분의 고지를 받은 날로부터 며칠 이내에 이의를 제기해야 하는가?

▶ 60일

050

특별표지판을 부착해야 되는 건설기계가 아닌 것은?

가. 너비가 3m 인 건설기계

나. 길이가 17m 인 건설기계

다. 총중량이 45톤인 건설기계

라. 높이가 3m 인 건설기계

■ 특별표지판 부착기준
- 총중량 40톤 및 축하중 10톤 초과, 차량의 폭 2.5m, 높이 4.0m, 길이 16.7m 초과 차량

051

공유압 기호 중 그림이 나타내는 것은?

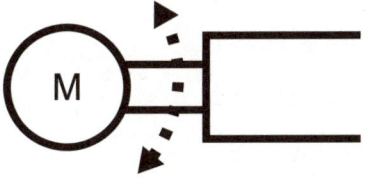

▶ 회전형 전기 액추에이터

052

액체의 일반적인 성질

가. 액체는 힘을 전달할 수 있다.

나. 액체는 운동을 전달할 수 있다.

다. 액체는 운동방향을 바꿀 수 있다.

(액체는 압축할 수 있다. (×))

053

유압실린더를 교환 후 우선적으로 시행하여야 할 사항은?

▶ 엔진을 저속 공회전 시킨 후 공기빼기 작업을 실시한다.

(엔진을 고속 공회전 시킨 후 공기빼기 작업을 실시한다. (×))

054

유압모터의 특징으로 맞는 것은?

가. 무단 변속이 용이하다.

나. 가변체인구동으로 유량 조정을 한다.

다. 오일의 누출이 많다.

라. 밸브오버랩으로 회전력을 얻는다.

055

유압장치의 구성요소 중 유압발생장치가 아닌 것은?

가. 유압 펌프

나. 엔진 또는 전기모터

다. 오일 탱크

라. 유압 실린더

해 유압펌프, 엔진, 전기모터, 유압탱크는 유압 발생에 관여하는 유압발생장치이나 유압실린더는 유압을 이용하여 구동하는 작동장치로 분류할 수 있다.

056

유압회로 내의 열 발생 원인

가. 작동유 점도가 너무 높을 때

나. 모터 내에서 내부마찰이 발생될 때

다. 유압회로 내에서 캐비네이션이 발생될 때

(유압회로 내의 작동 압력이 너무 낮을 때 (×))

해 오일 압력이 너무 낮다는 건 열 발생으로 인한 오일의 점도하락 - 압력누설로 이어지는 결과로 나타날 수 있으나 열 발생의 원인은 아니다.

057

릴리프 밸브(relief valve)에서 볼(ball)이 밸브의 시트(seat)를 때려 소음을 발생시키는 현상은?

▶ 채터링(chattering) 현상

해 엔진이 고속으로 회전할 때 단시간 동안에 접점이 매우 빠르게 붙거나 떨어지며 기계적인 진동이 불규칙하게 발생하는 현상으로 마치 수다떠는 소음 같다하여 채터링 현상이라 한다.

058

유압장치의 오일탱크에서 펌프 흡입구의 설치

가. 펌프 흡입구는 스트레이너(오일 여과기)를 설치한다.

나. 펌프 흡입구와 탱크로의 귀환구(복귀구) 사이에는 격리판(baffle plate)을 설치한다.

다. 펌프 흡입구는 탱크로의 귀환구(복귀구)로부터 될 수 있는 한 멀리 떨어진 위치에 설치한다.

(펌프 흡입구는 반드시 탱크 가장 밑면에 설치한다. (×))

해 흡입구는 밑면에서 관지름의 2~3배 떨어져 설치한다. 복귀관로를 통해 유입된 오일의 상태는 양호하지 못해 안정화가 필요하므로 흡입구와 복귀구를 멀리 떨어뜨린다.

059

유압장치에서 내구성이 강하고 작동 및 움직임이 있는 곳에 사용하기 적합한 호스는?

가. 플렉시블 호스
나. 구리 파이프 호스
다. 강 파이프 호스
라. PVC 호스

060

재해의 복합 발생 요인이 아닌 것은?

가. 환경의 결함   나. 사람의 결함
다. 품질의 결함   라. 시설의 결함

해 재해 복합 발생요인은 TIP! : 시사환!
(시설, 사람, 환경의 결함)

061

납산 배터리 액체를 취급하는데 가장 좋은 것은?

가. 가죽으로 만든 옷
나. 무명으로 만든 옷
다. 화학섬유로 만든 옷
라. 고무로 만든 옷

해 황산과 물이 섞인 전해액에 노출 시 옷을 손상시키고 심각한 화상을 입을 수 있다.

062

소화기를 사용하여 소화 작업 시 올바른 방법

▶ 바람을 등지고 위쪽에서 아래쪽을 향해 실시한다.

063

벨트를 폴리에 걸 때는 정지 상태 상태에서 한다. (저속 상태 (×))

064

복스 렌치가 오픈엔드 렌치보다 비교적 많이 사용되는 이유로 옳은 것은?
▶ 볼트와 너트 주위를 감싸 힘의 균형때문에 미끄러지지 않기 때문

065

재해율 중 연천인율의 계산식은?
▶ (재해자 수 / 평균근로자 수) × 1000

해 연천인율은 1년간 근로자 1,000명 당 몇 명의 사상자가 발생했는가를 나타낸다. TIP! : 재평천!

066

작업장 내 안전한 통행을 위하여 지켜야 할 사항
가. 주머니에 손을 넣고 보행하지 말 것
나. 좌측 또는 우측통행 규칙을 엄수 할 것
다. 물건을 든 사람과 만났을 때는 즉시 길을 양보할 것
(운반차를 이용할 때에는 가능한 빠른 속도로 주행할 것 (×))

067

산업안전을 통한 기대효과
▶ 근로자와 기업의 발전이 도모된다.

068

가스배관 파손 시 긴급조치 요령으로 잘못된 것은?
가. 소방서에 연락한다.
나. 주변의 차량을 통제한다.
다. 누출된 가스배관의 라인마크를 확인하여 후면 밸브를 차단한다.
라. 천공기 등으로 도시가스 배관을 뚫었을 경우에는 그 상태에서 기계를 정지시킨다.

해 가스배관 파손 시 절대 굴착기 작업자가 직접 해결하려 하면 안된다.

069

엔진에서 라디에이터의 방열기 캡을 열어 냉각수를 점검했더니 기름이 떠있었다. 그 원인으로 맞는 것은?
가. 실린더헤드 가스켓 파손
나. 피스톤링과 실린더 마모
다. 밸브 간격 과다.
라. 압축압력이 높아 역화 현상

해 냉각수는 실린더블럭의 물재킷을 순환하며 엔진을 식혀주는데 실린더헤드와 엔진블럭 사이를 밀봉해주는 헤드개스킷에 손상이 있을 시 실린더 내의 엔진 오일이 새어나와 물재킷의 냉각수에 혼입되어 냉각수 점검 시 기름이 둥둥 떠있는 현상이 발견된다.

070

작업 후 탱크에 연료를 가득 채워주는 이유

가. 연료의 기포방지를 위해서
나. 내일의 작업을 위해서
다. 연료탱크에 수분이 생기는 것을 방지하기 위해서

(연료의 압력을 높이기 위해서 (×))

071

축전지의 용량만을 크게 하는 방법으로 맞는 것은?

가. 직렬연결법
나. 병렬연결법
다. 직 병렬연결법
라. 논리회로연결법

해 **TIP! : 류두병 - 압두직**
- 전**류두**배는 **병**렬연결 (전압그대로)
  전**압두**배는 **직**렬 연결 (전류그대로)
- 축전지 용량의 단위는 Ah(암페어 아워)이다. 1A의 전류로 1시간 사용할 수 있다는 의미로 전류를 두배로 하면 전압은 그대로 용량만 크게 할 수 있다.

072

엔진오일에 대한 설명으로 맞는 것은?

가. 겨울보다 여름에 점도가 높은 오일을 사용한다.
나. 엔진을 시동한 상태에서 점검한다.
다. 엔진오일에는 거품이 많이 들어있는 것이 좋다.
라. 엔진오일 순환상태는 오일레벨 게이지로 확인한다.

해 계절에 따라 기온이 낮으면 뻑뻑해지고(유동성 과소), 높으면 너무 묽어져 버리는(유동성 과다) 것을 방지하기 위해 겨울철에는 (묽은)낮은 점도의 오일을, 여름철에는 (끈적)높은 점도의 오일을 쓴다.

073

냉각장치에서 수온조절기의 열림 온도가 낮을 경우 나타나는 현상은?

▶ 워밍업 시간이 길어지기 쉽다.

해 수온조절기는 냉각수 수도꼭지라 생각하자. 보통 80도 정도에서 열리는데 더 낮은 온도에서 일찍 열리게 되면 엔진온도가 올라가는 시간이 길어지기 쉽다.

074

기관의 실린더 수가 많을 때 장점은?

가. 회전력 변동이 쉽다.

나. 회전의 응답성이 양호하다.

다. 소음과 진동이 적다.

라. 가속이 원활하고 신속하며 출력이 높다.

(흡입 공기의 분배가 쉽다 (×) 어렵다 (○))

075

예열플러그가 15~20초에서 완전히 가열되면 정상상태이다.

076

팬벨트와 연결된 플리는? TIP! : 발워크

▶ 발전기 플리, 워터펌프 플리, 크랭크축 플리

(기관 오일펌프 플리 (×))

077

전류의 자기작용을 응용한 것은?

▶ 발전기

해 플레밍의 오른손 법칙

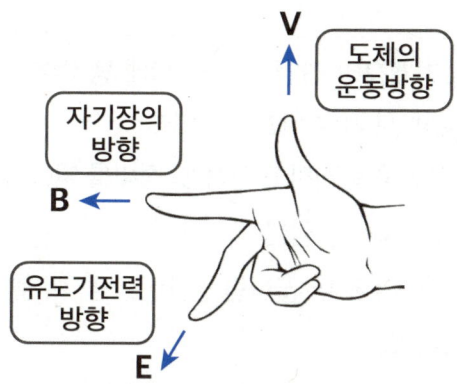

자기장 내에서 도선을 자기장에 수직으로 움직이게 할 때, 오른손의 집게손가락과 엄지손가락을 각각 자기장의 방향과 도선의 운동 방향을 나타내고, 유도 기전력은 가운데 손가락의 방향을 흐른다.
이러한 전류의 자기작용을 응용하여 만든 것이 발전기이다.

078

디젤기관이 시동되지 않을 때의 원인

가. 연료가 부족하다.

나. 연료계통에 공기가 차 있다.

다. 연료 공급펌프가 불량하다.

(기관의 압축압력이 높다. (×))

해 기본적으로 시동이 되지 않는 원인은 기동전동기의 문제와 연료계통의 문제로 진단한다.
엔진에 공급되는 흡입공기나 연료의 압축 압력이 높은 것은 시동 안되는 원인이 아니다.

079

건설기계장비 작업 시 계기판에 냉각수 경고등 점등 시 가장 적절한 조치는?

가. 작업을 중지하고 점검 및 정비를 받는다.
나. 오일량을 점검한다.
다. 작업이 모두 끝나면 곧 바로 냉각수를 보충한다.
라. 라디에이터를 교환한다.

해 작업 중 이상발생 시 가장먼저 조치해야할 사항은 작업 중지이다. (=엔진정지=시동끊다.)

080

광속의 단위는?

▶ 루멘(lm) 광선속 : 광원이 보내는 빛의 양

해 참고! 광도의 단위는 칸델라(cd) :
단위 입체각도(1스테라디안) 당 빛의 세기
조도의 단위는 럭스(lx) : 면적 당 루멘

081

축전지 전해액의 비중 측정에 대한 설명으로 틀린 것은?

가. 전해액의 비중을 측정하면 축전지 충전 여부를 판단할 수 있다.
나. 유리 튜브 내에 전해액을 흡입하여 뜨개의 눈금을 읽는 흡입식 비중계가 있다.
다. 측정 면에 전해액을 바른 후 렌즈 내로 보이는 맑고 어두운 경계선을 읽는 광학식 비중계가 있다.
라. 전해액은 황산에 물을 조금씩 혼합하도록 하며 유리 막대 등으로 천천히 저어서 냉각한다.

해 전해액을 만들 때는 반드시 다량의 물에 황산을 조금씩 혼합한다.(순서가 바뀌면 끓어 넘치므로 주의!) 진한 황산의 비중은 1.835, 온대지방의 경우 전해액의 비중은 축전지 완충상태 (25도씨)에서 1.240

082

"유도 기전력의 방향은 코일 내의 자속의 변화를 방해하려는 방향으로 발생한다."는 법칙은?

가. 플레밍의 왼손 법칙
나. 플레밍의 오른손 법칙
다. 렌쯔의 법칙
라. 자기유도 법칙

해 **TIP! : 왼전오발!**
플레밍의 **왼**손법칙은 **전**동기 - 모터의 원리,
플레밍의 **오**른손 법칙은 **발**전기의 원리,
페러데이의 전자기 유도 법칙은 자기 선속의 변화가 기전력을 발생시킨다는 법칙이다.
TIP! : 방해하는 녀석 - 렌쯔!

083

주차 및 정차 금지 장소는 건널목의 가장자리로부터 몇 미터 이내인 곳인가?

▶ 10m

084

무한궤도식 굴착기의 부품이 아닌 것은?

가. 유압펌프　　　나. 오일쿨러
다. 자재이음　　　라. 주행모터

해 자재이음(=유니버셜 조인트=십자축이음)은 타이어식 굴착기의 동력전달장치(구동축)에 사용되며 유압모터로 트랙을 구동하는 무한궤도식 굴착기에는 없다.

085

기관을 시동하여 공전 시에 점검할 사항

가. 오일의 누출 여부를 점검
나. 냉각수의 누출 여부를 점검
다. 배기가스의 색깔을 점검
　(기관의 팬벨트 장력을 점검 (×))

086

기관에 온도를 일정하게 유지하기 위해 설치된 물 통로에 해당되는 것은?

▶ 워터 자켓 (물재킷)

087

여과기를 설치위치에 따라 분류할 때 관로용 여과기의 종류

가. 라인 여과기
나. 리턴 여과기
다. 압력 여과기
　(흡입 여과기 (×))

088

굴착기 하부구동체 구성요소와 관련된 사항이 아닌 것은?

가. 트랙 프레임　　나. 주행용 유압 모터
다. 트랙 및 롤러　　라. 붐 실린더

089

다음 중 엑추에이터의 입구 쪽 관로에 설치한 유량제어 밸브로 속도를 제어하는 회로는?

가. 미터인 회로(miter-in circuit)
나. 미터 아웃 회로(meter-out circuit)
다. 시스템 회로(system circuit)
라. 블리드 오브 회로(bleed-off circuit)

090

차마 서로간의 통행 우선순위

▶ 긴급자동차 ⇨ 긴급자동차 외의 자동차 ⇨ 원동기장치자전거 ⇨ 자동차 및 원동기장치자전거 외의 차마

091

그림의 유압기호는 무엇을 표시하는가?

▶ 유압펌프

092

출발지 관할 경찰서장이 안전기준을 초과하여 운행할 수 있도록 허가하는 사항

가. 승차인원
나. 적재중량
다. 적재용량

　(운행속도 (×))

093

무한궤도식 건설기계에서 트랙장력 조정은?
가. 긴도 조정 실린더로 한다.
나. 상부롤러의 베어링으로 한다.
다. 하부롤러의 시임을 조정한다.
라. 스프로켓의 조정 볼트로 한다.

해 긴도(緊度)는 팽팽한 정도로 장력과 같은 뜻이다. 트랙장력 조정은 긴도 조정실린더로 한다.

094

유압 모터와 유압 실린더의 설명으로 맞는 것은?
가. 둘 다 회전운동을 한다.
나. 모터는 직선운동, 실린더는 회전운동을 한다.
다. 둘 다 왕복운동을 한다.
라. 모터는 회전운동, 실린더는 직선운동을 한다.

095

공동현상이라고도 하며 이 현상이 발생하면 소음과 진동이 발생하고 양정과 효율이 저하되는 현상은?

▶ 캐비테이션 현상

096

정기검사를 받지 아니하고 정기검사 신청기간만료일로부터 30일 이내인 때의 과태료는?

▶ 2만원

097

통고처분의 수령을 거부하거나 범칙금을 기간 안에 납부치 못한 자는 어떻게 처리되는가?

▶ 즉결 심판에 회부된다.

098

유압장치에서 고압 소용량, 저압 대용량 펌프를 조합하여 운전 할 때 작동압이 규정 압력 이상으로 상승 시 동력절감을 하기 위해 사용하는 밸브는?

▶ 무부하밸브(언로드밸브)

해 무부하밸브를 설명하는 키워드는 압력제한과 동력절감이다.
규정압력 이상되면 유로를 개방하여 압력을 경감시키고 특정압력에서 자동으로 닫히는 원리다.

099

유압 작동유가 갖추어야 할 조건
① 압축성이 작을 것
② 열팽창 계수가 작을 것
③ 발화점이 높을 것
④ 온도에 따른 점도변화가 적을 것

100

다음 중 건설기계의 장비 중량에 포함되지 않는 것은?
가. 그리스   나. 연료
다. 냉각수   라. 운전자

기출스피드 문답 암기 300제 Part 2

101
가스가 새어나오는 것을 검사할 때 가장 적합한 것은?
▶ 비눗물을 발라본다.

102
전기용접 작업 시 보안경을 사용하는 이유로 가장 적절한 것은?
▶ 유해 광선으로부터 눈을 보호하기 위하여
(유해 약물 / 분진으로부터 눈을 보호하기 위하여 (×))

103
도시가스 배관을 지하 매설 시 중압인 경우 배관 표면 색상은?
▶ 적색

104
지하 매설 도시가스 배관의 최고 사용압력이 저압인 경우 배관의 표면색은?
▶ 황색

해 지상배관과 최고사용압력이 저압인 매설배관 : 황색
최고사용압력이 중압이상인 매설배관 : 적색

105
도로폭이 8m 이상의 큰 도로에서 장애물 등이 없을 경우 일반 도시가스 배관의 최소 매설 깊이는?
▶ 1.2m 이상

106
도로상의 한전 맨홀에 근접하여 굴착작업 시 가장 올바른 것은?
가. 한전직원의 입회하에 안전하게 작업한다.
나. 맨홀 뚜껑을 경계로 하여 뚜껑이 손상되지 않도록 하고 나머지는 임의로 작업한다.
다. 교통에 지장이 되므로 주인 및 관련기관이 모르게 야간에 신속히 작업하고 되메운다.
라. 접지선이 노출되면 제거한 후 계속 작업한다.

107
아세틸렌 용접기 가스 누설 검사 방법은?
▶ 비눗물 검사

108
유류 화재시 소화기 이외의 소화재료로 가장 적당한 것은?
▶ 모래

109

유압회로 내 유압유 점도가 너무 낮을 때 생기는 현상 아닌 것은?

가. 오일 누설
나. 유압펌프 효율저하
다. 회로압력 저하
라. 시동저항 증가

🗨 오일 점도가 낮다는 것은 오일이 묽은 상태로 오일 누설 및 압력저하로 인한 펌프효율 저하의 원인이 되지만 유압회로와 시동은 관련없다.

110

이미 소화하기 힘든 정도로 화재가 진행된 화재 현장에서 제일 먼저 하여야 할 조치는?

가. 소화기 사용 나. 화재 신고
다. 인명 구조 라. 분말 소화기 사용

111

중량물 운반에 대한 설명으로 틀린 것은?

가. 무거운 물건을 운반할 경우 주위사람에게 인지하게 한다.
나. 무거운 물건을 상승시킨 채 오랫동안 방치하지 않는다.
다. 규정 용량을 초과해서 운반하지 않는다.
라. 흔들리는 중량물은 사람이 붙잡아서 이동한다.

112

맥동적 토출을 하지만 다른 펌프에 비해 일반적으로 최고압 토출이 가능하고 펌프 효율에서도 전압력 범위가 높아 최근에 많이 사용되고 있는 펌프는?

▶ 피스톤펌프

113

기관에서 워터펌프의 주요 역할은 냉각수 순환이다.

114

엔진 시동을 멈추기 위한 방법으로 가장 좋은 것은 연료공급 차단이다.

115

디젤기관에서만 사용되는 장치는?

가. 분사펌프 나. 발전기
다. 오일펌프 라. 연료펌프

116

4행정 기관에서 크랭크축 기어와 캠축 기어와의 지름비 및 회전비는 각각 얼마인가?

가. 2 : 1 및 1 : 2

나. 2 : 1 및 2 : 1

다. 1 : 2 및 2 : 1

라. 1 : 2 및 1 : 2

해 캠축의 지름이 크랭크축의 2배이므로 캠축이 1회 전할 때 크랭크축은 2회전한다.
- 지름비(크랭크축 : 캠축) = 1 : 2
- 회전비(크랭크축 : 캠축) = 2 : 1

117

기관 방열기에 연결된 보조탱크의 역할을 설명한 것으로 가장 적합하지 않은 것은?

가. 냉각수의 체적 팽창을 흡수한다.

나. 장기간 냉각수 보충이 필요 없다.

다. 오버플로(over flow)되어도 증기만 방출된다.

라. 냉각수 온도를 적절하게 조절한다.

해 보조탱크 기능에 온도조절 기능은 없다. 온도조절은 온도조절기(＝수온조절기＝써모스탯)로 한다.

118

크랭크 케이스를 환기하는 목적은 오일의 슬러지 형성을 막기 위해서다.

119

4행정 기관에서 많이 쓰이는 오일펌프의 종류는?

▶ 키어식, 로터리식, 베인식　TIP! : 기로베

120

디젤기관에서 흡입밸브와 배기밸브가 모두 닫혀 있을 때는?

▶ 동력행정

121

기관에서 흡입효율을 높이는 장치는?

▶ 터보차저 (과급기)

122

연료탱크의 드레인플러그를 열었다가 잠그는 작업을 하는 이유는?

▶ 수분과 찌꺼기(오물) 배출을 위해서

123

엔진에서 진동 소음이 발생되는 원인이 아닌 것은?

가. 분사기의 불량

나. 분사압력의 불량

다. 분사량의 불량

라. 프로펠러 샤프트의 불량

해 엔진 내부에서의 소음은 동력생산과 관련된 소음이지 동력전달계통(프로펠러샤프트)의 문제가 아니다.

124

전압이 12V인 밧데리를 저항 3Ω, 4Ω, 5Ω 을 직렬로 연결할 때의 전류는 얼마인가?
▶ 1A

해 저항 A,B,C의 직렬연결은 A+B+C이므로
전체 저항은 3+4+5 = 12Ω
전류 = $\dfrac{전압}{저항}$ = $\dfrac{12}{12}$ = 1A

125

12V 베터리의 셀 연결 방법은?
▶ 6개를 직렬로 연결한다.

해 베터리셀 1개 당 2V로 계산,
직렬연결로 6개 연결 시 2V X 6개 = 12V

126

20℃ 에서 완전 충전 시 축전지의 전해액 비중은?
▶ 1.280

127

굴착기의 전조등 회로는 병렬연결

128

밧데리 전해액을 만들 때 용기로는 질그릇 사용

129

다이오드의 냉각장치는 히트 싱크

130

토크 컨버터의 최대 회전력의 값을 토크 변환비라 한다.

131

록킹볼이 불량하면 기어가 빠지기 쉽다.

132

다음 중 트랙의 슈의 종류가 아닌 것은?
가. 2중 돌기슈
나. 3중 돌기슈
다. 4중 돌기슈
라. 고무슈

해 트랙슈의 종류에는 단일돌기, 2중돌기, 3중돌기, 고무슈, 평활슈, 습지용, 암반용 슈 등이 있다.

133

도로의 중앙이나 좌측부분을 통행할 수 있는 경우
▶ 도로의 파손, 도로공사 또는 우측 부분을 통행할 수 없을 때

134

타이어식 건설기계의 좌석 안전띠는 속도가 최소 몇 km/h 이상일 때 설치하여야 하는가?
▶ 30km/h

135

건설기계를 등록할 때 필요한 서류에 해당하지 않는 것은?

가. 건설기계제작증

나. 수입연장

다. 매수증서

라. 건설기계검사증 등본원부

136

검사소에서 검사를 받아야 할 건설기계 중 최소기준으로 축중이 몇 톤을 초과하면 출장검사를 받을 수 있는가?

▶ 10t

해 출장검사 기준
- ❖ 도서지역
- ❖ 너비 2.5m초과
- ❖ 차제중량 40톤 초과
- ❖ 축중 10톤 초과
- ❖ 최고속도 시간당 35km 미만인 경우

137

굴삭기의 주행레버를 한쪽으로 당겨 회전하는 방식을 무엇이라고 하는가?

▶ 피벗 턴

138

진공식 제동 배력장치의 설명 중에서 옳은 것은?

가. 진공밸브가 새면 브레이크가 전혀 듣지 않는다.

나. 릴레이 밸브의 다이어프램이 파손되면 브레이크는 듣지 않는다.

다. 릴레이 밸브 피스톤 컵이 파손되어도 브레이크는 듣는다.

라. 하이드로릭, 피스톤의 체크 볼이 밀착불량이면 브레이크가 듣지 않는다.

해 진공식 제동 배력장치는 제동성능을 배가시키는 제동보조장치로 파손 시에도 주브레이크는 듣는다.

139

변속기의 필요조건이 아닌 것은?

가. 회전력의 증대

나. 무부하

다. 회전수의 증대

라. 역전이 가능

해 (다)의 회전수 증대는 엔진회전수, 즉 엔진출력과 관련되어 있는 부분으로 변속기의 필요조건이 아닙니다.

140

타이어식 굴착기의 정기검사는 몇 년인가?

▶ 1년 [무한궤도식 굴착기는 3년]

해
- 타워크레인 6개월
- 타이어식 굴삭기, 덤프트럭, 기중기, 콘크리트믹서, 아스팔트 살포기 1년
- 로더, 지게차, 모터그레이더, 천공기 2년
- 그 밖의 건설기계 3년

141

타이어에서 고무로 피복된 코드를 여러 겹으로 겹친 층에 해당되며 타이어의 골격을 이루는 부분은?

▶ 카커스 부

142

15km이하의 건설기계가 갖추지 않아도 되는 조명은?

가. 전조등 나. 번호등
다. 후부반사판 라. 차폭등

143

주행 중 앞지르기 금지장소가 아닌 곳은?

가. 교차로
나. 터널 안
다. 버스정류장 부근
라. 다리 위

144

도로교통법상 주·정차 금지구역이 아닌 곳은?

가. 전신주로부터 10m
나. 소화전으로부터 5m
다. 교차로에서부터 5m
라. 화재경보기로부터 3m

해 주정차 금지구역
- 교차로, 도로모퉁이로부터 5미터 이내
- 안전지대 10미터 이내, 버스정류장 10미터 이내
- 횡단보도, 건널목 10미터이내에서는 주정차 금지
- 터널안, 다리위 및 소방시설(소화, 경보, 피난 설비) 5미터 이내 주차금지
- 도로 공사 시 공사구역 양쪽 가장자리 주차금지

145

5톤 미만의 불도저의 소형건설기계 조종실습 시간은?

▶ 12시간

146

도로를 통행하는 자동차가 야간에 켜야 하는 등화의 구분 중 견인되는 자동차가 켜야 하는 등화는?

▶ 차폭등, 미등, 번호등

147

교차로에서 먼저 진입한 건설기계가 좌회전할 때 버스가 직진할 때의 우선순위는?

▶ 건설기계가 우선 주행한다.

148

어큐물레이터(축압기)의 사용 목적

가. 충격압력 흡수

나. 유체의 맥동 감소

다. 압력보상

(유압회로 내의 압력상승 (×))

149

유압장치 중에서 회전운동을 하는 것은?

가. 유압 모터

나. 유압 실린더

다. 축압기

라. 급속배기밸브

150

다음 기호가 나타내는 것은?

▶ 압력계

151

유압실린더의 피스톤에서 많이 쓰는 링은?

▶ O링

152

제한된 회전각도 이내에서 유체가 회전운동 운동력으로 변환시키는 요동 모터의 피스톤형에 속하지 않는 것은?

가. 링크형   나. 기어형

다. 래크와 피니언형   라. 체인형

해 피스톤형 요동모터에는 래크와 피니언형, 링크형, 체인형, 스크루형 등이 있다.

153

유압회로의 압력을 점검하는 위치로 가장 적당한 것은?

가. 유압 오일 탱크에서 유압 펌프 사이

나. 유압 펌프에서 컨트롤 밸브 사이

다. 실린더에서 유압 오일 탱크 사이

라. 유압 오일 탱크에서 직접 점검

해 유압회로 압력점검은 펌프와 컨트롤밸브 사이

TIP! : 펌컨사이다!

154

유압 실린더에서 피스톤 행정이 끝날 때 발생하는 충격을 흡수하기 위해 설치하는 장치는?

▶ 쿠션기구

155

블래드식 축압기(어큐물레이터)의 고무주머니에 들어가는 물질은?

▶ 질소

156

장갑을 착용시 작업을 해선 안 되는 작업은?

▶ 해머작업

157

도시가스 작업 중 브레이커로 도시가스관을 파손 시 가장 먼저 해야 할 일과 거리가 먼 것은?

가. 차량을 통제한다.

나. 브레이커를 빼지 않고 도시가스 관계자에게 연락한다.

다. 소방서에 연락한다.

라. 라인마크를 따라가 파손된 가스관과 연결된 가스밸브를 잠근다.

해 굴착기 운전자가 섣불리 직접 해결하려 하지말고, 도시가스 관계자에게 연락한다.

158

재해의 간접 원인이 아닌 것은?

가. 신체적 원인　　나. 자본적 원인

다. 교육적 원인　　라. 기술적 원인

해 간접원인 : 기술석, 교육적, 관리적
　　　　　　정신적, 신체적 원인

159

연삭기의 안전한 사용방법이 아닌 것은?

가. 숫돌과 덮개 설치 후 작업

나. 숫돌 측면 사용 제한

다. 보안경과 방진마스크 착용

라. 숫돌과 받침대 간격을 가능한 넓게 유지한다.

해 숫돌과 받침대의 간격은 3mm로 유지한다.

160

용접 시 주의사항으로 틀린 것은?

가. 가열된 용접봉 홀더는 물에 넣어 냉각시킨다.

나. 슬러지를 제거할 때는 보안경을 착용한다.

다. 피부 노출이 없어야 한다.

라. 우천 시 옥외 작업을 하지 않는다.

해 용접봉 홀더의 절연커버 파손, 물기 습기 등은 감전사고 주요 요인이다.

161

보호구 구비조건으로 틀린 것은?

가. 착용이 간편해야 한다.

나. 작업에 방해가 안 되어야 한다.

다. 구조와 끝마무리가 양호해야 한다.

라. 유해 위험요소에 대한 방호성능이 경미해야 한다.

162

기관의 연소실모양은 출력, 열효율, 정숙도에 따라 다르지만

▶ 엔진속도와는 관련 없다.

163

매몰된 배관의 침하여부는 침하관측공을 설치하고 관측한다. 침하관측공은 줄파기를 하는 때에 설치하고 침하측정 원칙은?

▶ 10일에 1회 이상 측정

164

근로자가 안전하게 작업을 할 수 있는 세부작업행동 지침은?

▶ 안전수칙

165

작업 중 보호포가 발견되었을 때 보호포로부터 몇 m 밑에 배관이 있는가?

▶ 60cm

166

도시가스배관 중 중압의 압력은 얼마인가?

▶ 0.1MPa ~ 1 MPa 미만

해 도시가스사업법에서
① 10kg/cm² (1MPa) 이상의 압력을 고압,
② 1kg/cm² 이상 10kg/cm² 미만 압력을 중압,
③ 1kg/cm² (0.1MPa) 미만의 압력을 저압이라고 한다.

167

전선을 철탑의 완금(ARP)에 고정시키고 전기적으로 절연하기 위하여 사용하는 것은?

▶ 애자

168

냉각장치에서 냉각수의 비등점을 올리기 위한 장치는?

▶ 압력식 캡

해 압력식 라디에이터 캡은 높은 압력으로 냉각수의 끓는점(비점)을 높이는 역할을 한다.

169

다음 중 기관에서 팬벨트 장력 점검 방법으로 맞는 것은?

▶ 정지된 상태에서 벨트의 중심을 엄지손가락으로 눌러서 점검

170

기관에서 피스톤링의 작용은?

가. 기밀 작용
나. 오일제어 작용
다. 열전도 작용

(완전 연소 억제작용 (×))

171

계기판을 통하여 엔진오일의 순환상태를 알 수 있는 것은?

▶ 오일 압력계

172

디젤기관에서 시동을 돕기 위해 설치된 부품으로 맞는 것은?

가. 과급 장치 나. 발전기
다. 디퓨저 라. 히트레인지

해 공기예열장치 / 감압장치 / 히트레인지는 시동을 돕기 위해 설치된 부품, 시동보조장치다.

TIP! : 공감히트!

173

디젤기관에서 시동이 되지 않는 원인

가. 연료가 부족하다.
나. 연료 공급 펌프가 불량이다.
다. 연료 계통에 공기가 혼입되어 있다.
(기관의 압축압력이 높다. (×))

174

다음은 터보식 과급기의 디퓨저에서는?

- 공기의 속도 에너지가 압력 에너지로 바뀌게 된다. (○)
- 공기의 압력 에너지가 속도 에너지로 바뀌게 된다. (×)

해 과급기의 디퓨저는 속도에너지를 압력에너지로 바꾸는 장치이다. **TIP!** : 속압디퓨저!

175

기관에 사용되는 윤활유 사용 방법으로 옳은 것은?

가. 계절과 윤활유 SAE 번호는 관계가 없다.
나. 겨울은 여름보다 SAE 번호가 큰 윤활유를 사용한다.
다. SAE 번호는 일정하다.
라. 여름용은 겨울용보다 SAE 번호가 크다.

해 SAE번호 겨울 10~20, 봄가을 30, 여름 40~50 (번호가 클수록 끈적)
겨울철에는 (묽은)낮은 점도의 오일을, 여름철에는 (끈적)높은 점도의 오일을 쓴다.

176

디젤기관에 공급하는 연료의 압력을 높이는 것으로 조속기와 분사시기를 조절하는 장치가 설치되어 있는 것은?

가. 유압 펌프 나. 프라이밍 펌프
다. 연료 분사 펌프 라. 플런저 펌프

177

유압식 밸브 리프터의 장점

가. 밸브 간극은 자동으로 조절된다.
나. 밸브 개폐시기가 정확하다.
다. 밸브 기구의 내구성이 좋다.
(밸브 구조가 간단하다. (×))

해 밸브리프터의 구조는 비교적 복잡하다.

178

디젤기관에서 노킹의 원인이 아닌 것은?

가. 연료의 세탄가가 높다.
나. 연료의 분사압력이 낮다.
다. 연소실의 온도가 낮다.
라. 착화지연 시간이 길다.

🔵 기관 과냉 등으로 연소실 내 연료의 자연 착화가 지연되면서 연료가 쌓여 한꺼번에 폭발하면서 소음 발생과 출력저하를 가져오는 현상으로 연료분사압력이나 연소실 온도가 낮거나, 착화지연이 길어지는 것은 노킹이 발생의 원인이 되나 경유의 불붙는 성질 착화성을 나타내는 세탄가가 높을 경우 오히려 노킹을 방지할 수 있다.

179

디젤기관에서 시동이 걸리지 않는다. 점검해야 할 곳이 아닌 것은?

가. 기동 전동기가 이상이 없는지 점검해야 한다.
나. 배터리의 충전상태를 점검해야 한다.
다. 배터리 접지 케이블의 단자가 잘 조여져 있는지 점검해야 한다.
라. 발전기가 이상이 없는지 점검해야 한다.

🔵 시동이 걸리지 않을 때 기동전동기(스타터 모터) 또는 배터리 점검

180

에어컨 장치에서 환경보존을 위한 대체물질로 신 냉매가스에 해당 되는 것은?

▶ R-134a

181

자동차 AC 발전기의 B단자에서 발생되는 전기는?

▶ 3상 전파 직류전압

182

기관을 시동하기 위해 시동키를 작동했지만 기동 모터가 회전하지 않아 점검하려고 한다. 점검 내용으로 틀린 것은?

가. 배터리 방전상태 확인
나. 배터리 터미널 접촉 상태 확인
다. ST회로 연결 상태 확인
라. 인젝션 펌프 솔레노이드 점검

🔵 시동 시 기동 모터 회전이 안된다는 것은 배터리를 통한 기동(시동)전동기의 작동이 되지 않는다는 뜻으로 엔진의 연료분사계통의 문제와는 관련이 없다.

183

기관에서 예열 플러그의 사용 시기는?

▶ 기온이 낮을 때

184

축전지의 온도가 내려갈 때 발생 되는 현상

가. 비중이 상승한다.
다. 용량이 저하한다.
라. 전압이 저하된다.
  (전류가 커진다. (×))

🔵 축전지 온도 하강 시 전압강하와 저항증가로 전류 값도 낮아진다.

185

납산 배터리의 전해액을 측정하여 충전상태를 알 수 있는 게이지는?

▶ **비중계**

해 MF납산축전지에는 비중계가 부착되어 있어 이를 통해 충전상태를 알 수 있다.

186

굴착기에서 **매 1000시간마다 점검, 정비해야** 할 항목으로 맞지 않는 것은?

가. 어큐뮬레이터 압력점검

나. 주행감속기 기어의 오일교환

다. 발전기, 기동전동기 점검

라. 작동유 배수 및 여과기교환

해 각 작동부의 작동유 배수(교환) 및 오일필터(여과기) 교환은 분기정비로 매 500시간마다 한다.

187

1종 대형면허로 운전할 수 없는 장비는?

가. 덤프트럭

나. 3톤 미만의 지게차

다. 아스팔트 살포기

라. 콘크리트 피니셔

해 1종 대형면허로 조종 가능한 건설기계
 - 덤프 트럭, 믹서 트럭, 콘크리트펌프카, 아스팔트살포기
 - 천공기(트럭적재식), 노상안정기
  (콘크리트살포기(×) 콘크리트피니셔(×))

188

건설기계 등록신청은 누구에게 할 수 있는가?

가. 지방 경찰청장

나. 해양부장관

다. 서울특별시장

라. 읍·면·동장

해 - 건설기계 등록신청은 시도지사(특별시, 광역시, 도지사급)에게
 - 건설기계 사업등록신청은 시군구청장에게

189

유압실린더 등이 중력에 의한 **자유낙하를 방지**하기 위해 배압을 유지하는 압력제어 밸브는?

▶ **카운터 밸런스 밸브**

190

제어밸브 설명으로 **틀린 것**은?

가. 일의 크기 ⇨ 압력제어밸브

나. 일의 방향 ⇨ 방향제어밸브

다. 일의 속도 ⇨ 유량제어밸브

라. 일의 시간 ⇨ 속도제어밸브

191

기계식 변속기의 클러치에서 릴리스 베어링과 릴리스 레버가 분리되어 있을 때는?

▶ 클러치가 연결되어 있을 때

(클러치가 분리되어 있을 때 (×))

해 릴리스 베어링은 클러치 페달을 밟았을 때 릴리스 포크에 의하여 변속기 입력축의 길이 방향으로 이동하여 회전 중인 다이어프램 스프링(또는 릴리스 레버)을 눌러 엔진의 동력을 차단

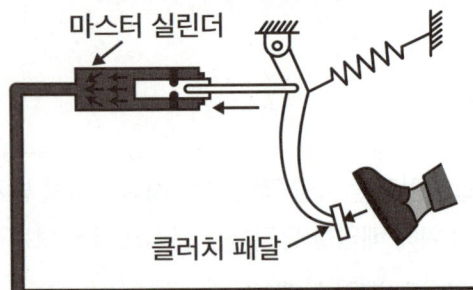

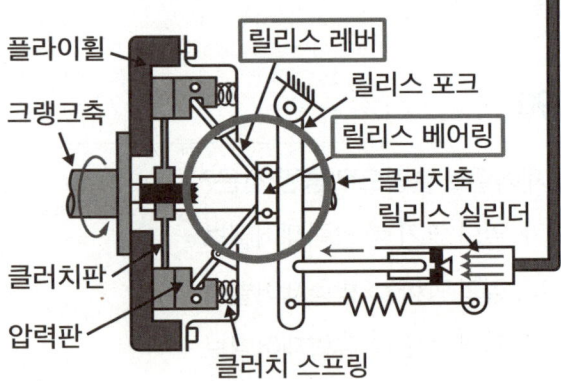

192

굴삭기에 아워미터(시간계)의 설치 목적이 아닌 것은?

가. 가동시간에 맞추어 예방정비를 한다.
나. 가동시간에 맞추어 오일을 교환한다.
다. 각 부위 주유를 정기적으로 하기 위해 설치되었다.
라. 하차 만료 시간을 체크하기 위하여 설치되었다.

193

타이어식 건설기계의 종감속 장치에서 열이 발생하고 있을 때 원인으로 틀린 것은?

가. 윤활유의 부족
나. 오일의 오염
다. 종감속 기어의 접촉상태 불량
라. 종감속기 하우징 볼트의 과도한 조임

해 기어장치의 열발생은 비정상적 마찰을 증가시키는 쪽에서 원인을 찾는다.
하우징 볼트는 덮개 고정 역할로 종감속기어 구동부의 열발생과 관련이 없다.

194

지게차를 작업용도에 따라 분류할 때 원추형 화물을 조이거나 회전시켜 운반 또는 적재하는 데 적합한 것은?

가. 힌지드 버킷
나. 힌지드 포크
다. 로테이팅 클램프
라. 로드 스태빌라이져

195

건설기계의 구조 변경 범위에 속하지 않는 것은?

가. 건설기계의 길이, 너비, 높이 변경
나. 조종장치의 형식 변경
다. 수상작업용 건설기계 선체의 형식변경
라. 적재함의 용량 증가를 위한 변경

해 적재함 용량 증가나 건설기계의 기종변경, 육상 작업용 건설기계의 규격 증가는 구조변경 범위에 속하지 않는다.

196

도로교통법상 안전표지의 종류가 아닌 것은?

가. 주의표지   나. 규제표지
다. 안심표지   라. 보조표지

해 안전표지의 종류에는 지시표지, 규제표지, 주의표지, 보조표지, 노면표지 TIP! : 지규주보노

197

교통사고로 인하여 사람을 사상하거나 물건을 손괴하는 사고가 발생했을 때 우선 조치사항으로 가장 적합한 것은?

가. 사고 차를 견인 조치한 후 승무원을 구호하는 등 필요한 조치를 취해야 한다.
나. 사고 차를 운전한 운전자는 물적 피해 정도를 파악하여 즉시 경찰서로 가서 사고 현황을 신고한다.
다. 그 차의 운전자는 즉시 경찰서로 가서 사고와 관련된 현황을 신고 조치한다.
라. 그 차의 운전자나 그 밖의 승무원은 즉시 정차하여 사상자를 구호하는 등 필요한 조치를 취해야 한다.

해 사고발생 시 즉시 정차, 사상자 구호가 우선이다.

198

액추에이터를 순서에 맞추어 작동시키기 위하여 설치밸브는?

▶ 시퀀스 밸브(sequence valve)

199

밀폐된 용기 내의 액체 일부에 가해진 압력은 어떻게 전달되는가?

가. 유체 각 부분에 다르게 전달된다.
나. 유체 각 부분에 동시에 같은 크기로 전달된다.
다. 유체의 압력이 돌출 부분에서 더 세게 작용 된다.
라. 유체의 압력이 홈 부분에서 더 세게 작용 된다.

해 **파스칼의 원리**
- 유체의 압력은 직각으로 동일한 압력이 작용한다.
- 밀폐용기 안의 액체 **일부에 가해진 압력은 각 부분에 동시에 같은 크기로 전달**된다.

200

유압 모터의 장점이 될 수 없는 것은?

가. 소형 경량으로서 큰 출력을 낼 수 있다.
나. 공기와 먼지 등이 침투하여도 성능에는 영향이 없다.
다. 변속, 역전의 제어도 용이하다.
라. 속도나 방향의 제어가 용이하다.

해 유압모터는 공기와 먼지 침투에 취약점이 있다.

기출스피드 문답 암기 300제 Part 3

201
유압 오일 내에 기포(거품)가 형성되는 이유로 가장 적합한 것은?
▶ 오일 속의 공기 혼입(캐비테이션 현상)

202
유압회로에서 역류를 방지하고 회로 내의 잔류압력을 유지하는 밸브는?
▶ 체크 밸브

203
자동 회로를 설치한 유압기기에서 속도가 나지 않는다면?
▶ 회로 내에 압력손실이 있다는 것

204
유압실린더에서 실린더의 과도한 자연낙하현상 발생 원인
가. 컨트롤밸브 스풀의 마모
나. 릴리프 밸브의 조정 불량
다. 실린더 내의 피스톤 실(seal)의 마모
   (작동압력이 높을 때 (×))

해 보통 굴착기 붐암버킷의 자연낙하(=자유낙하=자연하강)가 큰 경우 오일계통의 누설 및 고장으로 컨트롤밸브의 스풀에서 누유되거나 유압실린더 자체의 누유나 파손이 원인
(스풀은 실감개 혹은 덤벨처럼 생긴 부품으로 스프링에 의해 밀려 밸브구멍을 여닫는 역할을 한다)

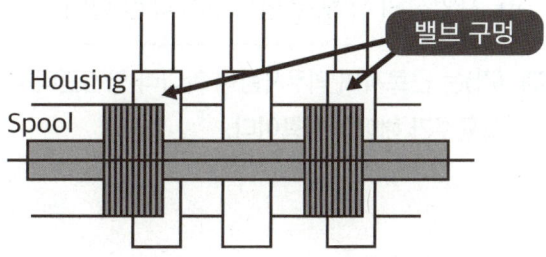

205
유압 작동부에서 오일이 새고 있을 때 가장 먼저 점검해야 하는 것은?
▶ 실(seal)

206

그림의 유압 기호는 무엇을 표시하는가?

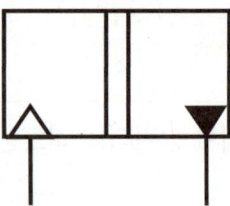

▶ [공기유압변환기]

207

산업안전보건상 근로자의 의무사항으로 틀린 것은?

가. 위험한 장소에는 출입금지

나. 위험상황 발생시 작업 중지 및 대피

다. 보호구 착용

라. 사업장의 유해, 위험요인에 대한 실태 파악

해 (라)는 근로자의 의무사항이 아니라 안전관리자 및 고용주가 해야할 사항이다.

208

안전작업 측면에서 장갑을 착용하고 해도 가장 무리 없는 작업은?

가. 드릴 작업을 할 때

나. 건설현장에서 청소 작업을 할 때

다. 해머 작업을 할 때

라. 정밀기계 작업을 할 때

해 드릴, 해머, 정밀기계 작업 시에는 장갑을 착용하지 않는다.

209

동력 전동장치에서 가장 재해가 많이 발생할 수 있는 것은?

▶ 벨트

210

감전되거나 전기화상을 입을 위험이 있는 곳에서 작업시 작업자가 착용해야 할 것은?

▶ 보호구

211

벨트를 풀리에 걸 때 가장 올바른 방법은?

▶ 반드시 엔진 회전을 정지시킨 후에 한다.

212

산업안전보건표지의 종류에서 지시표시에 해당하는 것은?

가. 차량통행금지

나. 고온경고

다. 안전모착용

라. 출입금지

해 지시표시란 일정한 행동을 취할 것을 지시하는 표지

보안경 착용 방독마스크 착용 방진마스크 착용

보안면 착용 안전모 착용 귀마개 착용

안전화 착용 안전장갑 착용 안전복 착용

213

스패너를 사용할 때의 주의사항들이다. 안전에 어긋나는 점은?

가. 너트에 스패너를 깊이 물리고, 조금씩 앞으로 당기는 식으로 풀고 조인다.
나. 해머 대용으로 사용한다.
다. 스패너를 해머로 두드리지 않는다.
라. 좁은 장소에서는 몸의 일부를 충분히 기대고 작업한다.

214

작업장에서 일상적인 안전 점검의 가장 주된 목적은?

가. 위험을 사전에 발견하여 시정한다.
나. 시설 및 장비의 설계 상태를 점검한다.
다. 안전작업 표준의 적합 여부를 점검한다.
라. 관련법에 적합 여부를 점검하는데 있다.

215

드릴머신으로 구멍을 뚫을 때 일감 자체가 가장 회전하기 쉬운 때는 어느 때인가?

▶ 구멍을 거의 뚫었을 때
(구멍을 처음 뚫기 시작할 때 (×))

216

소화 작업 시 적합하지 않은 것은?

가. 화재가 일어나면 화재 경보를 한다.
나. 배선의 부근에 물을 뿌릴 때에는 전기가 통하는지 여부를 확인 후에 한다.
다. 가스 밸브를 잠그고 전기 스위치를 끈다.
라. 카바이드 및 유류에는 물을 뿌린다.

해 카바이드[탄화칼슘]은 물을 뿌리면 폭발을 일으키며, 유류화재 역시 물로는 진화가 어렵다

217

도로 굴착자가 가스배관 매설위치를 확인 시 인력굴착을 실시해야 하는 범위는?

▶ 가스배관의 주위 1m 이내

218

도로 굴착자가 **굴착 공사 전에 이행할 사항**에 대한 설명으로 **옳지 않은 것은**?

가. 도면에 표시된 가스배관과 기타 지장물 매설 유무를 조사하여야 한다.
나. 조사된 자료로 시험굴착위치 및 굴착개소 등을 정하여 가스배관 매설위치를 확인하여야 한다.
다. 위치 표시용 페인트와 표지판 및 황색 깃발 등을 준비하여야 한다.
라. 굴착 용역회사의 안전관리자가 지정하는 일정에 시험 굴착을 수립하여야 한다.

219

다음 중 **감전재해의 요인**이 **아닌 것은**?

가. 충전부에 직접 접촉하거나 안전거리 이내 접근 시
나. 절연 열화·손상·파손 등에 의해 누전된 전기기기 등에 접촉 시
다. 작업 시 절연장비 및 안전장구 착용
라. 전기 기기 등의 외함과 대지 간의 정전용량에 의한 전압 발생부분 접촉 시

220

굴착기, 지게차 및 불도저가 **고압전선에 근접, 접촉으로 인한 사고** 유형

▶ 화재사고, 화상사고, 감전사고

221

입력식 라디에이터 캡에 대한 설명으로 옳은 것은?

가. 냉각장치 내부압력이 규정보다 낮을 때 공기밸브는 열린다.
나. 냉각장치 내부압력이 규정보다 높을 때 진공밸브는 열린다.
다. 냉각장치 내부압력이 부압이 되면 진공밸브는 열린다.
라. 냉각장치 내부압력이 부압이 되면 공기밸브는 열린다.

해 압력식 라디에이터 캡의 진공밸브는 내부압력이 부압(대기압보다 낮은 상태)가 되면 열린다.

222

기관에서 **피스톤의 행정**이란?

▶ **상사점과 하사점과의 거리**

해 피스톤이 사이클 상 실린더의 가장 윗부분에 위치했을 때를 상사점, 가장 아랫부분에 위치했을 때를 하사점이라 하며 상사점에서 하사점까지의 거리를 행정이라 한다.

223

건설기계운전 작업 후 **탱크에 연료를 가득 채워주는 이유**와 가장 **관련이 적은** 것은?

가. 다음의 작업을 준비하기 위해서
나. 연료의 기포방지를 위해서
다. 연료탱크에 수분이 생기는 것을 방지하기 위해서
라. 연료의 압력을 높이기 위해서

🔵 작업 후 연료 기포방지와 연료탱크 내 수분 방지, 추후 작업을 위해 연료를 가득 채워 준다.

224

기관 **과열의 원인**이 **아닌** 것은?

가. 라디에이터 막힘
나. 냉각장치 내부에 물때가 끼었을 때
다. 냉각수의 부족
라. 오일의 압력 과다

🔵 기관 과열은 엔진오일량이나 압력과는 무관하다.

225

기관에서 **출력저하의 원인**이 **아닌** 것은?

가. 분사시기 늦음
나. 배기계통 막힘
다. 흡기계통 막힘
라. 압력계 작동 이상

🔵 엔진출력의 저하는 흡입-압축-폭발-배기 사이클, 즉 연소계통의 문제에서 원인을 찾는다. 압력계는 압력의 수치를 보여주는 계기일 뿐 엔진 출력과는 상관없다. 그 밖에 출력저하 원인에는 연료분사량이 적거나, 노킹이 일어날 때, 실린더 내 압축압력이 낮을 때 등이 있다.

226

엔진오일이 많이 소비되는 원인이 **아닌** 것은?

가. 피스톤링의 마모가 심할 때
나. 실린더의 마모가 심할 때
다. 밸브가이드의 마모가 심할 때
라. 기관의 압축 압력이 높을 때

🔵 엔진오일 소비가 과다하다는 것은 어딘가로 누설되고 있다는 뜻이다. 엔진오일의 연소실 유입을 막아주는 피스톤링, 밸브가이드의 마모, 또는 실린더 벽의 마모 시 엔진오일이 연소실 내로 유입되어 연료와 같이 연소된다. 실린더헤드 게스킷 손상으로 엔진오일이 냉각수와 섞이는 경우도 엔진오일이 줄어드는 원인이 된다. 기관의 압축압력은 엔진오일 과다 소비와 관련이 없다.

227

기관의 오일 압력이 낮은 경우와 관계없는 것은?

가. 아래 크랭크 케이스에 오일이 적다.

나. 크랭크축 오일 틈새가 크다.

다. 오일펌프가 불량하다.

라. 오일 릴리프밸브가 막혔다.

해 릴리프밸브는 최고압력을 설정하여 그 이상 압력이 올라가지 않도록 밸브가 개방되는 방식으로 작동하는데 릴리프밸브가 막혀 제 기능을 하지 못하면 오일압력이 과도하게 상승하게 된다.

228

디젤기관 연료장치의 분사펌프에서 프라이밍 펌프는 어느 때 사용하는가?

▶ 연료계통에 공기를 배출 할 때

229

기관의 맥동적인 회전 관성력을 원활한 회전으로 바꾸어 주는 역할을 하는 것은?

▶ 플라이휠

230

피스톤과 실린더 사이의 간극이 너무 클 때 일어나는 현상은?

▶ 엔진 오일의 소비증가

231

건설기계 기관에서 사용되는 여과장치가 아닌 것은?

가. 공기청정기

나. 오일필터

다. 오일 스트레이너

라. 인젝션 타이머

232

디젤엔진이 잘 시동 되지 않거나 시동이 되더라도 출력이 약한 원인으로 맞는 것은?

가. 연료탱크 상부에 공기가 들어 있을 때

나. 플라이휠이 마모되었을 때

다. 연료분사펌프의 기능이 불량할 때

라. 냉각수 온도가 100℃ 정도 되었을 때

해 시동불량, 출력저하의 원인은 연소사이클과 연료계통에서 찾는다.

233

교류(AC)발전기에서 전류가 발생되는 곳은 어느 부분인가?

▶ 스테이터

234

실드빔식 전조등은?

가. 대기조건에 따라 반사경이 흐려지지 않는다.

나. 내부에 불활성 가스가 들어있다.

다. 사용에 따른 광도의 변화가 적다.

 (필라멘트를 갈아 끼울 수 있다. (×))

해 반사경과 필라멘트가 일체형, 필라멘트 끊어지면 전조등 전부를 교환해야 한다.

235

퓨즈의 용량 표기가 맞는 것은?

▶ A

236

기동 전동기의 피니언이 링기어에 물리는 방식이 아닌 것은?

가. 벤딕스식

나. 전기자 섭동식

다. 피니언 섭동식

라. 스팔라인식

해 피니언이 플라이휠 링기어에 물리는 방식에는 벤딕스식, 피니언 섭동식, 전기자 섭동식이 있다.

237

축전지를 교환 및 장착할 때 연결 순서로 맞는 것은?

가. (+)나 (-)선 중 편리한 것부터 연결하면 된다.

나. 축전기의 (-)선을 먼저 부탁하고, (+)선을 나중에 부착한다.

다. 축전지의 (+), (-)선을 동시에 부착한다.

라. 축전기의 (+)선을 먼저 부탁하고, (-)선을 나중에 부착한다.

238

납산용 일반축전지가 방전되었을 때 보충전 시 주의 사항

가. 충전 시 전해액 온도를 45℃ 이하로 유지할 것

나. 충전 시 가스발생이 되므로 화기에 주의할 것

다. 충전 시 벤트플러그를 모두 열 것

 (충전 시 배터리 용량보다 높은 전압으로 충전 할 것 (×))

239

축전지의 일반적 충전방법은 정전류 충전이다.

240

굴착기의 트랙장치에서 유동륜(아이들러)의 작용은?

▶ 트랙의 장력을 조정하면서 트랙의 진행방향을 유도한다.

241

브레이크 오일이 비등하여(끓어올라) 송유 압력의 전달 작용이 불가능하게 되는 현상은?

▶ 베이퍼 록 현상

242

굴착기를 트레일러에 상차하는 방법에 대한 것으로 가장 적합하지 않는 것은?

가. 가급적 경사대를 사용한다.
나. 트레일러로 운반 시 작업 장치를 반드시 앞쪽으로 한다.
다. 경사대는 10~15° 정도 경사시키는 것이 좋다.
라. 붐을 이용하여 버킷으로 차체를 들어 올려 탑재하는 방법도 이용되지만 전복의 위험이 있어 특히 주의를 요하는 방법이다.

해 트레일러 운반 시 작업장치는 뒤쪽으로 한다.

243

종감속비에 대한 설명으로 맞지 않는 것은?

가. 종감속비는 링기어 잇수를 구동피니언 잇수로 나눈 값이다.
나. 종감속비가 크면 가속 성능이 향상된다.
다. 종감속비는 나누어서 떨어지지 않는 값으로 한다.
라. 종감속비가 적으면 등판능력이 향상된다.

해 종감속비가 클수록 오르막 등판력이 좋아진다.

244

기계식 변속기가 장착된 건설기계장비에서 올바른 클러치 사용 방법은

▶ 클러치 페달은 변속시에만 밟는다.

245

교통안전시설이 표시하고 있는 신호와 경찰공무원의 수신호가 다른 경우

▶ 경찰공무원의 수신호에 따른다.

246

검사연기신청을 하였으나 불허통지를 받은 자는 언제까지 검사를 신청하여야 하는가?

▶ 검사신청기간 만료일부터 10일 이내

247

교차로에서 직진하고자 신호대기 중에 있는 차가 진행신호를 받고 안전하게 통행하는 방법은?

가. 진행 권리가 부여되었으므로 좌우의 진행 차량에는 구애받지 않는다.
나. 직진이 최우선이므로 진행 신호에 무조건 따른다.
다. 신호와 동시에 출발하면 된다.
라. 좌우를 살피며 계속 보행 중인 보행자와 진행하는 교통의 흐름에 유의하여 진행한다.

248
등록번호표제작자는 등록번호표 제작 등의 신청을 받은 날로 부터 며칠 이내에 제작하여야 하는가?

가. 3일 나. 5일
다. 7일 라. 10일

249
건설기계조종면허를 받지 아니하고 건설기계를 조종한 자에 대한 벌칙은?

가. 2년 이하의 징역 또는 1천만 원 이하의 벌금
나. 1년 이하의 징역 또는 1천만 원 이하의 벌금
다. 2백만 원 이하의 벌금
라. 1백만 원 이하의 벌금

250
승차인원·적재중량에 관하여 안전기준을 넘어서 운행하고자 하는 경우 누구에게 허가를 받아야 하는가?

가. 출발지를 관할하는 경찰서장
나. 시·도지사
다. 절대 운행 불가
라. 국토해양부장관

251
정차라 함은 주차 외의 정지 상태로서 몇 분을 초과하지 아니하고 차를 정지 시키는 것을 말하는가?

가. 3분 **나. 5분**
다. 7분 라. 10분

252
다음 중 건설기계 특별표지판을 부착하지 않아도 되는 건설기계는?

가. 길이가 17미터인 굴삭기
나. 너비가 4미터인 기중기
다. 총중량이 15톤인 지게차
라. 최소 회전반경이 14미터인 모터그레이더

해 특별표지판 부착기준
- 총중량 40톤 및 축하중 10톤 초과, 차량의 폭 2.5m, 높이 4.0m, 길이 16.7m 초과 차량

253
다음 중 최고속도 15km/h 미만의 타이어식 건설기계가 필히 갖추어야 할 조명장치는?

가. 후미등 나. 방향지시등
다. 후부반사기 라. 번호등

254
보도와 차도가 구분된 도로에서 중앙선이 설치되어 있는 경우 차마의 통행방법으로 옳은 것은?

가. 중앙선 좌측 **나. 중앙선 우측**
다. 좌·우측 모두 라. 보도의 좌측

255

유압회로 내에서 서지압(surge pressure)이란?

가. 과도하게 발생하는 이상 압력의 최대값
나. 정상적으로 발생하는 압력의 최대값
다. 정상적으로 발생하는 압력의 최소값
라. 과도하게 발생하는 이상 압력의 최소값

256

필터의 여과 입도수(mesh)가 너무 높을 때 발생할 수 있는 현상으로 가장 적절한 것은?

가. 블로바이 현상
나. 맥동 현상
다. 베이퍼록 현상
라. 캐비테이션 현상

해 필터의 여과 입도수가 너무 높으면 미세한 공기방울로 인한 공동현상(케비테이션)이 발생한다.

257

유압유의 압력이 상승하지 않을 때의 원인을 점검하는 것으로 가장 거리가 먼 것은?

가. 펌프의 오일 토출 점검
나. 유압회로를 점검
다. 릴리프 밸브를 점검
라. 펌프 설치 고정 볼트 강도 점검

해 펌프 고정 볼트는 고정만 해줄 뿐 유압유의 압력과는 관련 없다.

258

유압장치에서 두 개의 펌프를 사용하는데 있어 펌프의 전체송출량을 필요로 하지 않을 경우, 동력의 절감과 유온 상승을 방지하는 것은?

가. 압력 스위치(pressure switch)
나. 카운트 밸런스 밸브(count balance valve)
다. 감압 밸브(pressure reducing valve)
라. 무부하 밸브(unloading valve)

해 릴리프밸브에 탱크기능을 추가한 원리로 생각하자. 일정 압력 이상일 때 여분의 압력을 메인탱크로 귀환시키지 않고 밸브 내에서 맴돌게 하여 동력 절감과 유온 상승을 방지하는 밸브

259

압력의 단위가 아닌 것은?

가. Pa
나. bar
다. GPM
라. kgf/cm^2

해 유압이란 단위 단면적에 가해지는 힘의 세기를 말한다. (kgf/cm^2) 그 밖에 압력의 단위에는 Pa, bar, kPa, psi(평방인치당파운드), mmHg(수은주 밀리미터), atm 등이 있다. GPM은 유량의 단위이다.

260

유압장치에서 방향제어밸브 설명으로 적합하지 않은 것은?

가. 유체의 흐름 방향을 변환한다.
나. 유체의 흐름 방향을 한쪽으로만 허용한다.
다. 액추에이터의 속도를 제어한다.
라. 유압실린더나 유압모터의 작동 방향을 바꾸는데 사용된다.

해 엑추에이터의 속도는 방향이 아니라 유량으로 제어한다.

261

유압 실린더의 구성부품이 아닌 것은?

가. 피스톤로드   나. 피스톤
다. 실린더   라. 커넥팅로드

262

건설기계에서 사용하는 작동유의 정상 작동 온도 범위로 가장 적합한 것은?

가. 10℃~30℃   나. 40℃~60℃
다. 90℃~110℃   라. 120℃~150℃

263

유압장치에서 작동 유압 에너지에 의해 연속적으로 회전운동을 함으로서 기계적인 일을 하는 것은?

가. 유압모터   나. 유압실린더
다. 유압제어밸브 라. 유압탱크

264

그림과 같은 실린더의 명칭은?

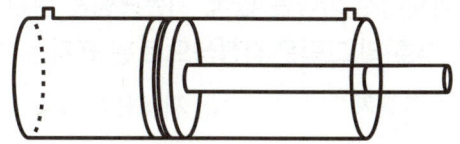

가. 단동 실린더
나. 단동 다단 실린더
다. 복동 실린더
라. 복동 다단 실린더

해 복동실린더는 양방향 모두 유압으로 작동한다.

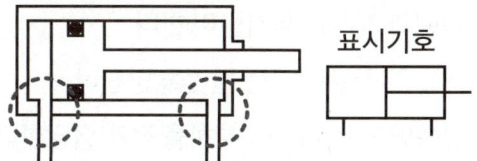

265

자연적 재해가 아닌 것은?

가. 지진   나. 태풍
다. 홍수   라. 방화

해 방화는 인위적으로 불을 지르는 것

266

금속 표면에 거칠거나 각진 부분에 다칠 우려가 있어 매끄럽게 다듬질하고자 한다. 적합한 수공구는?

가. 끌   나. 줄
다. 대패   라. 쇠톱

해 철공용 줄

267

안전·보건표지의 종류별 용도·사용장소·형태 및 색채에서 바탕은 흰색, 기본모형은 빨간색, 관련부호 및 그림은 검정색으로 된 표지는?

가. 보조표지 나. 지시표지
다. 주의표지 **라. 금지표지**

268

다음 중 물건을 여러 사람이 공동으로 운반할 때의 안전사항과 거리가 먼 것은?

가. 명령과 지시는 한사람이 한다.
나. 최소한 한 손으로는 물건을 받친다.
다. 앞쪽에 있는 사람이 부하를 적게 담당한다.
라. 긴 화물은 같은 쪽의 어깨에 올려서 운반한다.

해 공동 운반 시 모든 사람이 균등한 부하를 담당하도록 한다.

269

안전보호구 선택 시 유의사항으로 틀린 것은?

가. 보호구 검정에 합격하고 보호성능이 보장될 것
나. 반드시 강철로 제작되어 안전 보장형일 것
다. 작업 행동에 방해되지 않을 것
라. 착용이 용이하고 크기 등 사용자에게 편리할 것

270

절연용 보호구의 종류가 아닌 것은?

가. 절연모 **나. 절연시트**
다. 절연화 라. 절연장갑

271

다음은 화재 예방과 대책 중 국한대책에 해당하지 않는 것은?

가. 가연물을 쌓아놓는다.
나. 공한지의 확보
다. 방화벽 등의 정비
라. 건물설비에 불연성 소재를 쓴다.

해
- 예방대책 : 감지기 설치 등 발화를 근원적으로 방지
- 국한대책 : 화재의 전파를 방지하고 피해를 최소화 (불연성 재료, 방화벽, 방유제 등)
- 소화대책 : 소화기구 및 소화설비 이용, 자위소방대 소화활동

272

산업재해의 분류에서 사람이 평면상으로 넘어졌을 때 (미끄러짐 포함)를 말하는 것은?

▶ 전도

해 산업현장 3대 다발 재해
- 전도 : 근로자가 작업 중 미끄러지거나 넘어져서 발생하는 재해
- 협착 : 근로자가 작동 중인 기계에 말림, 끼임, 물림 등에 의한 재해
- 추락 : 근로자가 높은 곳에서 떨어져서 발생하는 재해

273

해머(hammer) 작업 시 주의사항으로 틀린 것은?
가. 해머 작업 시는 장갑을 사용해서는 안 된다.
나. 난타하기 전에 주의를 확인한다.
다. 해머의 정확성을 유지하기 위해 기름을 바른다.
라. 1~2회 정도는 가볍게 치고 나서 본격적으로 작업한다.

274

작업장에 대한 안전관리 상 설명으로 틀린 것은?
가. 항상 청결하게 유지한다.
나. 작업대 사이, 또는 기계 사이의 통로는 안전을 위한 일정한 너비가 필요하다.
다. 공장바닥은 폐유를 뿌려, 먼지 등이 일어나지 않도록 한다.
라. 전원 콘센트 및 스위치 등에 물을 뿌리지 않는다.

275

도시가스 배관의 안전초지 및 손상방지를 위해 다음과 같이 안전조치를 하여야하는데 굴착공사자는 굴착공사 예정지역의 위치에 어떤 조치를 하여야 하는가?

> 도시가스사업자는 굴착공사자에게 연락하여 굴착공사 현장 위치와 매설배관 위치를 굴착공사자와 공동으로 표시할 것인지 각각 단독으로 표시할 것인지를 결정하고, 굴착공사 담당자의 인적사항 및 연락처, 굴착공사 개시예정일시가 포함된 결정사항을 정보지원센터에 통지할 것

가. 횡색 페인트로 표시
나. 적색 페인트로 표시
다. 흰색 페인트로 표시
라. 청색 페인트로 표시

276

도로에서 굴착잡업 중 케이블 표지시트가 발견되었을 때 조치방법으로 가장 적합한 것은?
가. 해당설비 관리자에게 연락 후 그 지시를 따른다.
나. 케이블 표지시트를 걷어내고 계속 작업한다.
다. 시설관리자에게 연락하지 않고 조심해서 작업한다.
라. 케이블 표지시트는 전력케이블과는 무관하다.

277

도로 굴착자는 되메움 공사 완료 후 도시가스 배관 손상방지를 위하여 최소한 몇 개월 이상 침하 유무를 확인하여야 하는가?

▶ 3개월

278

그림과 같이 시가지에 있는 배전선로 A에는 보통 몇 V의 전압이 인가되고 있는가?

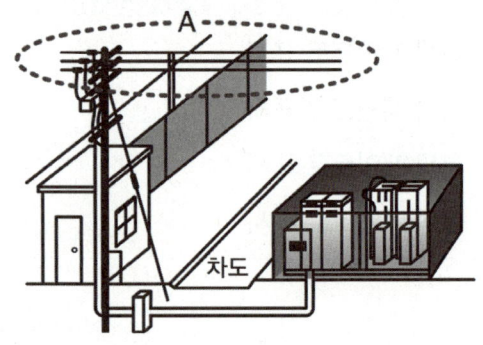

▶ 22900V

279

굴착기의 기본 작업 사이클 과정으로 맞는 것은?

▶ 굴착 ⇨ 붐상승 ⇨ 스윙(선회) ⇨ 적재 ⇨ 스윙(선회) ⇨ 굴착

▶ TIP! : 굴선적선!

280

굴착기 선회장치 모터의 부품과 기능에 대한 설명으로 틀린 것은?

가. 메이크업 밸브 - 선회동작 시 케비테이션 방지
나. 릴리프 밸브 - 과부하로 인한 스윙모터와 감속기의 파손방지
다. 브레이크 - 선회동작을 멈출 때 충격을 흡수
라. 역회전 방지 밸브 - 선회동작을 효율적으로 하기위한 관성유지

281

건설기계 범위 중 틀린 것은?

가. 이동식으로 20kW의 원동기를 가진 쇄석기
나. 혼합장치를 가진 자주식인 콘크리트믹서 트럭
다. 정지장치를 가진 자주식인 모터그레이더
라. 적재용량 5톤의 덤프트럭

해 덤프트럭의 건설기계 기준은 12톤 이상

282

다음 중 건설기계사업이 아닌 것은?

가. 건설기계대여업
나. 건설기계수출업
다. 건설기계폐기업
라. 건설기계정비업

해 건설기계 사업에는 건설기계 대여업 / 건설기계 정비업 / 건설기계 매매업 / 건설기계 폐기업 대통령령으로 정하며 시·군·구청장에게 등록★★★

283

유압 계통에서 릴리프밸브 스프링의 장력이 약화될 때 현상은?

▶ 채터링 현상

해 채터링 현상은 유압계통의 물리적 떨림으로 발생하는 재잘재잘거리는 소음현상이다.

284

유압 건설기계의 고압 호스가 자주 파열되는 원인은?

가. 유압펌프의 고속 회전
나. 오일의 점도저하
다. 릴리프 밸브의 설정 압력 불량
라. 유압모터의 고속 회전

해 릴리프 밸브는 최고 압력을 설정하여 회로를 보호하는 기능을 하는데 설정 압력 불량시 과도한 압력으로 고압호스가 자주 파열될 수 있다.

285

유압모터의 단점에 해당 되지 않는 것은?

가. 작동유에 먼지나 공기가 침입하지 않도록 보수에 주의
나. 작동유가 누출되면 작업 성능에 지장
다. 작동유 점도변화에 의해 유압모터 사용에 제약
라. 릴리프 밸브를 부착하여 속도나 방향을 제어가 곤란하다.

해 유압모터는 기본적으로 회전운동을 하며 소형, 경량으로 큰 출력을 낼 수 있으며 변속, 역전 제어와 회전속도, 방향의 제어가 용이하다. 하지만 작동유의 점도변화에 영향을 받으며, 작동유 누출이나 먼지와 공기 혼입으로 인한 작동불량은 단점에 해당한다.

286

유압장치의 금속가루 또는 불순물을 제거위해 맞게 짝지어진 것은?

가. 여과기와 어큐뮬레이터
나. 스크레이퍼와 필터
다. 필터와 스트레이너
라. 어큐뮬레이터와 스트레이너

287

기동전동기는 축전지의 전류로 기관을 가동시키는 장치로
- 축전지 전압이 낮거나
- 브러시와 정류자 밀착불량 또는 손상 시 작동하지 않는다.
  [but 연료의 유무와 관련 없다.]

288

기관 회전 시 축전지의 전해액이 넘쳐흐른다면?
▶ 축전지가 과충전 되고 있다.

289

유압펌프를 통해 송출된 에너지를 직선운동이나 회전운동을 통하여 기계적 일을 하는 기기를 무엇이라고 하는가?
▶ 액추에이터(작업장치)

290

작업 중 엔진온도가 급상승 하였을 때 먼저 점검 하여야 할 것은?
▶ 냉각수의 양 점검
(윤활유 점도지수 점검 (×), 고부하 작업 (×), 장기간 작업 (×))

291

유압장치의 구성 요소가 아닌 것은?
가. 유니버설 조인트
나. 오일탱크
다. 펌프
라. 제어밸브

해 유니버설 조인트는 동력전달장치의 엑슬축과 관련된 부품이다.
유압장치는 밸브, 탱크, 펌프 TIP! 밸탱펌

292

디젤기관에서 압축압력이 저하되는 가장 큰 원인은?
가. 냉각수 부족
나. 엔진오일 과다
다. 기어오일의 열화
라. 피스톤 링의 마모

해 피스톤 링이 마모되면 연소실의 압축가스가 피스톤 아래쪽 크랭크케이스로 누설되어 압축압력이 저하된다.

293

기관의 연소실에서 발생하는 스퀴시(Squish)는 압축행정 말기에 발생한 와류 현상
▶ 디젤엔진 연소과정에서 일어나는 소용돌이인 와류(vortex)는 총 3가지가 있다.
  • 흡입행정 시 스월(swirl)
  • 압축 행정 시 스퀴시(squish)
  • 피스톤 하강 시(흡입, 폭발행정 시) 텀블(tumble)

294

운전 중 갑자기 계기판에 충전 경고등이 점등되었다. 그 현상은?

▶ 충전이 되지 않고 있음을 나타낸다.

295

수동식 변속기 건설기계를 운행 중 급가속 시켰더니 기관의 회전은 상승 하는데 차속이 증속되지 않았다. 그 원인은?

가. 클러치 디스크 과대 마모
나. 릴리스 포크의 마모
다. 클러치 페달의 유격 과대
라. 클러치 파일럿 베어링의 파손

해 플라이휠의 엔진동력을 클러치의 압력판이 밀착하여 차륜까지 동력손실없이 전달해야 하지만 클러치 디스크 과대마모 시에는 급가속을 하더라도 클러치가 미끄러지면서 엔진회전력만큼 차속을 증속시키지 못하게 된다.

296

무한궤도식 리코일 스프링을 이중스프링으로 사용하는 이유는?

▶ 서징 현상을 줄이기 위해

해 무한궤도식 트랙 앞쪽으로부터의 충격완화를 위한 장치가 리코일 스프링이며, 서징 현상은 유압모터 압력이 주기적 변함에 따라 진동과 소음이 발생하는 현상으로 리코일 스프링을 이중으로 사용하여 서징현상을 줄인다.

297

파워스티어링에서 핸들이 매우 무거워 조작하기 힘든 상태다! 원인으로 맞는 것은?

▶ 조향 펌프에 오일이 부족하다.

298

크롤러 타입 유압식 굴삭기의 주행 동력으로 이용되는 것은?

▶ 유압모터

299

고의로 경상 1명의 인명피해를 입힌 건설기계 조종사에 대한 면허의 취소, 정지처분 기준은?

▶ 면허취소

해 고의로 인명피해를 입혔을 경우 사상자 수에 관계없이 면허취소

300

정기검사유효기간이 3년인 건설기계는?

▶ 무한궤도식 굴삭기 3년

[타이어식 굴삭기는 1년]

04